高校数学でわかる複素関数
微分からコーシー積分、留数定理まで

竹内 淳 著

装幀／芦澤泰偉・児崎雅淑
カバーイラスト／中山康子
もくじ・章扉デザイン／中山康子
本文図版／さくら工芸社

はじめに

　科学には夢があります。自然界を支配する未知の真理を知りたい、あるいは、人間の生物としての能力をはるかに超える知的能力や物理的な力を手に入れたい——。これらの人間の抱く様々な夢を実現する手段が科学技術です。高校生の時にそのような夢を持って、理系大学に進んだ方は数多いことでしょう。

　ところが、大学の講義はその学生たちの期待に必ずしも応えるものではなく、その上想定外に難しくて、講義を聞いてもよくわからないことが少なくありません。特に数学や物理学の学習に壁を感じる学生は少なくないようです。

　筆者は、「マクスウェル方程式」や「シュレディンガー方程式」、さらに「行列を使う線形代数」や「フーリエ変換」など、高校数学を出発点にして、大学の数学や物理学へステップアップする読者の一助となるよう『高校数学でわかる』シリーズを出版してきました。そして今回は、**複素関数**の解説に取り組みます。

2乗すると −1 になる数の存在を信じることによって、**虚数**と**複素数**の数学が始まりました。2乗すると4になる数は2と −2 で、2乗すると9になる数は3と −3 です。しかし、2乗すると −1 になる数を、直観的に把握できる人はほとんどいないでしょう。筆者もまた直観的には理解できません。この2乗すると −1 になる数は**虚数単位**と名付けられ、アルファベットの i で表されます。複素数は実数と虚数の足し算で表される数で、この複素数の変数を持つ関数を**複素関数**と呼びます。

　複素関数は物理学や工学においては波を表すのに非常に便利であり、数学においては実数関数の積分に役立つという利点があるので、複素関数の微分と積分に関わる数学は、通常は大学の理系学部では1年生か2年生の必修科目になっています。しかし、その修得も容易ではなく、諦めてしまう学生は少なくないようです。

　本書は、「複素数っていったい何？」という読者もついていけるよう、可能な限りやさしい解説に挑戦しました。複素関数の微分や積分がどのように振る舞い、どのように役に立つのか、少しでも理解していただけることを期待しています。

　それでは、複素関数の微積分を身に付ける旅の第一歩を踏み出しましょう。

はじめに　*3*

第1章　複素数って何？ ——————————— *11*

虚数の導入　*12*
虚数の発見　*13*
複素数の誕生　*14*
複素数を座標に表示する方法　*16*
複素数の基本演算　*18*
三角不等式　*19*
角度を使った複素数の表現　*22*
オイラーの公式　*23*
テイラー展開　*24*
指数関数とサイン、コサインのテイラー展開　*27*
テイラー展開を使ってオイラーの公式を定義する　*29*
数列と収束　*30*
関数の極限と連続性　*34*

付属問題1　*36*
◆コラム◆……ガウス　*39*

第2章 複素数が持つ様々な関係 ——— 43

サインとコサインを$e^{i\theta}$と$e^{-i\theta}$で表す　44

ド・モアブルの定理　45

複素数どうしのかけ算と割り算の絶対値と偏角　48

複素数の3乗根　51

リーマン面　54

複素指数関数の微分　57

波を表すのに便利な虚数　60

複素指数関数の応用の実例——量子力学　63

【付属問題 2】 65

◆コラム◆……18世紀を代表する数学者、
オイラー　68

第3章 複素関数の微分 ——— 73

複素変数による複素関数の微分　74

関数$f(z)$と$g(z)$が正則な場合　78

z^nの微分　79

コーシー・リーマンの関係式を満たさない例　81

零点と有理関数　82

複素指数関数の微分　83

双曲線関数の微分　84

複素対数関数の微分　86

【付属問題 3】 90

◆コラム◆……イプシロン・エヌ論法　94

第4章 複素関数の積分 — 97

複素関数の積分 *98*

複素積分の絶対値の大きさの評価に
　　使える不等式 *101*

コーシーの積分定理 *102*

コーシーの積分定理の証明 *104*

積分の値は経路によらない *109*

多重連結領域での積分 *110*

閉曲線の内側に閉曲線が2つある場合 *112*

コーシーの積分公式 *114*

導関数の積分公式 *117*

リウヴィルの定理 *119*

代数学の基本定理 *121*

最大値・最小値の定理 *125*

$(z-a)^n$の積分 *127*

ガウシアンとは？ *129*

　付属問題 4 *131*

　　◆コラム◆……コーシー *134*

第5章 留数定理 —————— 139

テイラー展開 *140*

ローラン展開 *144*

極 *149*

除去可能な特異点 *150*

留数 *151*

留数の求め方 *153*

留数定理 *156*

解析接続 *158*

　付属問題 5 *161*

　◆コラム◆……リーマン *163*

第6章 留数定理の応用——実積分の計算 —— 165

留数定理を応用した実積分の計算 *166*

　A. $\sin\theta$ や $\cos\theta$ を含む0から 2π までの積分 *166*

　B. 実軸上を積分経路とする $-\infty$ から $+\infty$ までの有理関数の積分 *170*

　C. 実軸上を積分経路とする有理関数のフーリエ変換型積分 *176*

　付属問題 6 *182*

　◆コラム◆……リウヴィル *182*

第7章 複素関数論の応用——等角写像と調和関数 ——— 185

等角写像 *186*
2次元翼理論 *189*
複素速度ポテンシャル *192*
複素速度ポテンシャルの具体例 *194*
調和関数 *196*

付属問題解答 *201*

付録 *217*

合成関数の微分公式 *218*
タンジェントとインバースタンジェントの微分 *218*
ガウス積分の計算 *220*
電磁気学のラプラス方程式 *222*

おわりに *226*

参考資料・文献 *230*

さくいん *232*

第1章

複素数って何?

■**虚数の導入**

　数学の歴史は、1, 2, 3, 4, …の自然数から始まりました。読者の皆さんも幼いころに、指を折りながら数を数えたことがあると思います。自然数の概念は人類がかなり原始的な生活をしていた時代から存在していました。やがて数の概念は、ゼロやマイナスが取り入れられて整数に拡大しました。さらに、かけ算や割り算も行われるようになると、1/2, 1/5 などの分数や 1.214 のような小数まで広がりました。ここまでは、読者の皆さんもご存じでしょう。

　数学の世界では、さらに**有理数**と**無理数**という概念が登場しました。と言っても、「有理数とはいったい何だろう？」と疑問に思う方も少なくはないでしょう。有理数というのは、2つの整数 a と b を使って、次式の分数

$$\frac{b}{a}$$

で表される数です。ただし、a がゼロの場合は除きます。また、a が 1 の場合には整数になるので、整数も有理数に含まれます。

　もう一方の無理数とは、先ほどの「2つの整数からなる分数」では表せない数です。例を挙げると、円周率 π や $\sqrt{2}$ や $\sqrt{3}$ などです。この有理数と無理数を合わせた数が**実数**です。

　そして、16 世紀のヨーロッパで本書の主人公である**虚数**と**複素数**が登場しました。この虚数と複素数は日本では高校で学びます。しかし、「なぜこんな意味不明の数を勉強

する必要があるの?」と思いながらスルーしてしまった学生も少なくないでしょう。その虚数と複素数から見ていきましょう。

■虚数の発見

最初に中学校で習った「2乗」の記憶を呼び戻しましょう。2乗とは同じ数をかけることで、2×2とか3×3です。この2乗した数を平方(へいほう)と呼びます。そして、平方のもとになった数を平方根(へいほうこん)と呼びます。例えば2を2乗(2×2)すると4になりますが、2の平方が4で、4の平方根が+2と-2です。これらを式で書くと

$$4 = 2^2 \quad \text{や} \quad \pm\sqrt{4} = \pm 2$$

になります。平方根の代表の1つとして

$$\sqrt{2} = 1.41421356\cdots$$

の関係を、「ひとよひとよにひとみごろ」と暗記した方も多いことでしょう。

虚数の発見(発明と呼ぶべきでしょうか)は、3次方程式の解法と関係があります。3次方程式を解く公式として「カルダーノの解法」と呼ばれるものがあります。カルダーノ(1501~1576、イタリア)の時代は、いくつもの数学の学派があり、難易度の高い解法は門外不出でした。カルダーノの解法も秘密でした。この解法にカルダーノの名がついているのは、カルダーノがその解法を考えついたからではありません。実は、その解法を編み出した数学者タル

ターリヤ（1500～1557）から強引に聞き出して勝手に発表したからです。

カルダーノの解法には、計算の途中で、「−1 の平方根」である $\sqrt{-1}$ が出てきます。$\sqrt{-1}$ が出てきたところで計算をやめてしまうと答えは求められないのですが、そこでやめないで、続けて計算すると答えが正しく求まることがわかったのです。そうすると、この $\sqrt{-1}$ を数として認める必要が生じます。

しかし、2乗して4になる数や、9になる数は簡単にわかりますが、2乗して −1 になる数となると、どのようなものなのか直観的につかめない方がほとんどだと思います。実際、筆者も直観的には理解できません。もちろん、アラビア数字の中にそのような数字は存在しません。そこで −1 の平方根には、アルファベットの i という文字を使うことにして、この数を**虚数**と呼ぶことになりました。英語では imaginary number（イマジナリーナンバー：直訳すると、想像上の数）と呼びます。

■複素数の誕生

虚数という名はフランスのデカルト（1596～1650）によって名付けられました。任意の虚数は、この i の b（実数）倍なので ib または bi と書けます。また、i は**虚数単位**と呼ばれます。i は、imaginary の頭文字からとったものです（ただし、電気を使う学問分野では、電流を I や i で表すのが普通です。このため虚数単位を i で表すと、電流と混同する恐れがあります。そこで、虚数単位として i に似てい

るjが使われます)。式で書くと、i と -1 の関係は

$$i \times i = -1$$
$$i = \sqrt{-1}$$

となります。また、-2 の平方根は

$$\sqrt{2}i \ と \ -\sqrt{2}i$$

であり、-3 の平方根は

$$\sqrt{3}i \ と \ -\sqrt{3}i$$

になります。

　一方、虚数以外のそれまで使われていた数は**実数**と呼ばれるようになりました。英語では real number (リアルナンバー:直訳すると、現実の数) と呼びます。当初はこの虚数の存在に懐疑的な数学者が多かったのですが、やがて、虚数は役に立つ存在として受け入れられるようになりました。

　虚数の発見によって「数の概念」は、実数から拡張されて、実数と虚数の両方で表されることになりました。そこで、この拡張した数を**複素数**と呼ぶことになりました。複素数 z は、実数 a と虚数 ib の和で表されます。式で書くと

$$z = a + ib$$

となります。ここで a を**実部** (real part: リアルパート)、b を**虚部** (imaginary part: イマジナリーパート) と呼びま

す。また、実部と虚部は次の記号で表します。

$$\text{Re}(z) = a$$
$$\text{Im}(z) = b$$

2つの複素数 $a+ib$ と $c+id$ が等しい場合には、

$$a+ib = c+id$$

と表します。この場合には、次のようにそれぞれの実部と虚部が個々に等しいと考えます。

$$a=c \quad \text{かつ} \quad b=d$$

また、ある複素数 $a+ib$ がゼロに等しい場合には、式は

$$a+ib = 0$$

と表します。このときは $a=0$ でありかつ $b=0$ です。

■複素数を座標に表示する方法

この複素数を、図示できるようにしたのが、19世紀最大の数学者といわれるガウス（1777～1855）です。ガウスは図1-1のように、x軸（この軸を**実軸**と呼びます）に実数をとり、y軸（この軸を**虚軸**と呼びます）に虚数をとった**複素平面**（ガウス平面とも呼ばれる）を考え出しました。この複素平面においては、複素数 $z=a+ib$ は、実軸上の大きさが a で虚軸上の大きさが b である1つの点として表されます。よって、複素数 z を「点 z」と呼ぶこともあります。一方で、従来の $1, 2, 3$ や $1/2, 1.214, \sqrt{3}$ などの実数は、

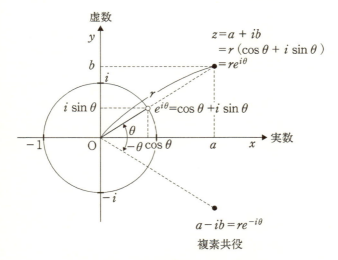

図 1-1　複素平面とオイラーの公式

複素平面上では、実軸の上だけにしか存在しないことになります。

この複素数 $a+ib$ の絶対値 $|a+ib|$ は、複素平面の原点からの距離で表されます。図の原点 O からの距離 r は三平方の定理から $\sqrt{a^2+b^2}$ なので、

$$r = |a+ib| = \sqrt{a^2+b^2}$$

です。複素数 $a+ib$ から距離の 2 乗 a^2+b^2 を求めるには、次式の計算のように $a+ib$ に $a-ib$ をかければよいことがわかります。

$$(a+ib)(a-ib) = a^2-(ib)^2$$
$$= a^2+b^2$$

この $a-ib$ を元の $a+ib$ の**複素共役**または**共役複素数**と呼びます。複素共役は、図1-1のように、実軸を対称軸とする線対称の位置にあります。複素数 z の複素共役は、次式のようにアルファベットに上線 (¯) を付けて表すこともあります。

$$\bar{z} = a-ib$$

■複素数の基本演算

次に、複素数の基本的な演算を見ておきましょう。2つの複素数を $z_1=a+ib$ と $z_2=c+id$ とします。

まず、足し算の場合は、

$$z_1+z_2 = (a+ib)+(c+id) = (a+c)+i(b+d)$$

です。実部どうしの足し算と、虚部どうしの足し算をします。引き算の場合は、

$$z_1-z_2 = (a+ib)-(c+id) = (a-c)+i(b-d)$$

です。実部どうしの引き算と、虚部どうしの引き算をします。

次に、かけ算の場合は、

$$z_1 z_2 = (a+ib)\times(c+id) = ac+iad+ibc-bd$$
$$= (ac-bd)+i(ad+bc)$$

です。

割り算の場合は、以下で見るように、分母 $c+id$ の複素共役 $c-id$ を分母と分子にかけて分母を実数にします。

$$\frac{z_1}{z_2} = \frac{a+ib}{c+id}$$

$$= \frac{(a+ib)(c-id)}{(c+id)(c-id)}$$

$$= \frac{(ac+bd)+i(bc-ad)}{c^2+d^2}$$

$$= \frac{ac+bd}{c^2+d^2} + i\frac{bc-ad}{c^2+d^2}$$

ただし、分母がゼロになると右辺の第1行の分数は無限に大きくなるので、$c+id \neq 0$ という条件が付きます。

■三角不等式

先ほどの複素数の足し算を図にすると、図1-2になります。z_1+z_2 の絶対値の大きさ $|z_1+z_2|$ は原点からの距離に対応するので、図中で z_1 と z_2 が直線上に並ぶ場合以外は、$|z_1+z_2|$ は $|z_1|+|z_2|$ より小さくなります。

よって次の不等式が成り立ちます。

$$|z_1+z_2| \leq |z_1|+|z_2| \qquad (1\text{-}1)$$

この不等式は**三角不等式**と呼ばれていて、本書の後半の積分の計算で役立ちます。

さらに

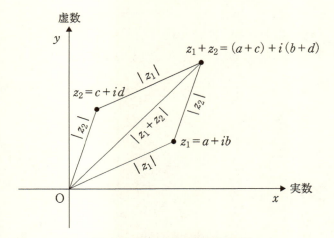

図 1-2　2 つの複素数の足し算

$$z_2 = z_3 + z_4 \tag{1-2}$$

の場合には、三角不等式

$$|z_3 + z_4| \leq |z_3| + |z_4| \tag{1-3}$$

が成り立つので、(1-2) 式を (1-1) 式の両辺に代入すると

$$|z_1 + z_3 + z_4| \leq |z_1| + |z_3 + z_4|$$

となり、この右辺に (1-3) 式を代入すると

$$|z_1 + z_3 + z_4| \leq |z_1| + |z_3| + |z_4|$$

第1章 複素数って何？

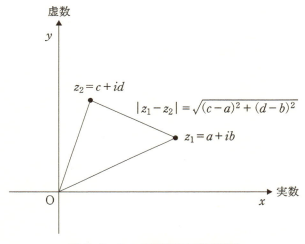

図1-3 2つの複素数の間の距離

になります。よって、これを繰り返すと、一般に

$$|z_1+z_2+\cdots+z_n| \leq |z_1|+|z_2|+\cdots+|z_n| \quad (1\text{-}4)$$

が成り立つことがわかります。本書ではこれを**一般化した三角不等式**と呼ぶことにします。

2つの複素数 $z_1=a+ib$ と $z_2=c+id$ の差の絶対値 $|z_1-z_2|$ は複素平面上での点 z_1 と点 z_2 の間の距離で表されます。この2点間の距離は、図1-3で三平方の定理を使うと

$$|z_1-z_2| = \sqrt{(c-a)^2+(d-b)^2}$$

となります。

■角度を使った複素数の表現

この複素数 $a+ib$ を、角度を使って表すこともできます。角度には、図 1-1 のように、原点から複素数 $z=a+ib$ に引いた線と実軸がなす角 θ を使い、この角を**偏角**と呼びます。複素平面上の複素数 $a+ib$ は、原点からの距離 r と偏角 θ を使うと次式のように三角関数のサインとコサインを使って表せます。

$$a+ib = r(\cos\theta + i\sin\theta)$$

このように距離と角で座標を表す方法を**極座標**表示と言い、複素数をこの右辺のように表すことを**極形式**と呼びます。

複素数 $a+ib$ の偏角は θ ですが、これを次式の記号で表すことにします。

$$\arg(z) = \arg(a+ib) = \theta$$

記号 arg は、偏角の英語 argument（アーギュメント）にちなんでいます。この偏角 θ は、三角関数のタンジェントを使うと、図 1-1 からわかるように

$$\tan\theta = \frac{b}{a}$$

と表せます。また、この式と同じ関係を、タンジェントの逆関数であるインバースタンジェント（アークタンジェン

ト とも呼びます) の記号 $\tan^{-1}$ を使って

$$\theta = \tan^{-1} \frac{b}{a}$$

と表すこともできます。

なお、複素共役を偏角 θ を使って表すと、

$$a - ib = r\{\cos(-\theta) + i\sin(-\theta)\}$$
$$= r(\cos\theta - i\sin\theta)$$

となります(コサインには $\cos\theta = \cos(-\theta)$ の関係があり、サインには $\sin\theta = -\sin(-\theta)$ の関係があるので)。

■オイラーの公式

この複素数と、三角関数のサイン、コサインの間にはおもしろい関係があります。その関係を見つけたのは、18世紀を代表する数学者、オイラーです。オイラーが見つけたのは、次の式の関係で、これを**オイラーの公式**と呼びます。

$$e^{i\theta} = \cos\theta + i\sin\theta \qquad (1\text{-}5)$$

左辺の指数関数の肩には虚数 $i\theta$ が乗っています。

オイラーの公式の右辺の $\cos\theta + i\sin\theta$ の絶対値は、複素共役の $\cos\theta - i\sin\theta$ をかけて

$$(\cos\theta + i\sin\theta)(\cos\theta - i\sin\theta) = \cos^2\theta + \sin^2\theta = 1$$
$$\therefore |e^{i\theta}| = |\cos\theta + i\sin\theta| = 1$$

となります(三角関数の公式 $\cos^2\theta + \sin^2\theta = 1$ を使いま

した)。したがって、この点は原点を中心とする半径1の円上にあり、図1-1上では、白抜きの点(○)に対応します。オイラーの公式は、この円上の点が、虚数を肩に乗せた $e^{i\theta}$ という指数関数に対応していることを示しているわけです。このオイラーの公式をこれから導いてみましょう。

■**テイラー展開**

オイラーの公式を導くためには、まず**テイラー展開**を理解する必要があります。そこで、テイラー展開から見ていきましょう。

テイラー展開とは、ある関数 $f(x)$ を、

$$f(x) = a+bx+cx^2+dx^3+\cdots \qquad (1\text{-}6)$$

という x の n 乗(n は自然数)の項(n 次の項と呼びます)の和に展開することです。この (1-6) 式を n 次の**多項式**と呼びます。テイラー展開を使うと、指数関数、対数関数、それに三角関数などを (1-6) 式の多項式に置き換えられます。n 次の多項式に置き換えることによって様々な計算が便利になることから、テイラー展開は物理学を含む様々な科学分野で活躍しています。

ここでは (1-6) 式の数はすべて実数である場合を考えます。まず、ある関数 $f(x)$ が $x=x_0$(x_0 は定数)の近く(近傍)で、次式の右辺のように n 次の多項式で表されると仮定します。

$$f(x) = a + b(x-x_0) + c(x-x_0)^2 \\ + d(x-x_0)^3 + \cdots \quad (1\text{-}7)$$

三角関数や指数関数のような、一見して多項式とは関係がないように思える関数も、右辺の n 次の多項式で表されると考えるわけです。ここで右辺の多項式を求めるということは、具体的には係数 a, b, c, d などを求めることを意味します。これらの係数を順次求めてみましょう。

まず、$x=x_0$ を両辺に代入しましょう。すると、右辺の第2項より右側の項はすべてゼロになるので、右辺は係数 a だけが残ります。よって、

$$f(x_0) = a$$

が得られます。次に高校数学で学ぶ「合成関数の微分公式」(巻末の付録参照:拙著の『理系のための微分・積分復習帳』で詳しく解説しています)を使って (1-7) 式の両辺を x で微分します。

(1-7) 式の両辺を x で微分する際に、$u=x-x_0$ とおいて合成関数の微分公式を使います。すると、

$$f'(x) = b + 2c(x-x_0) + 3d(x-x_0)^2 + \cdots \quad (1\text{-}8)$$

となります。これに $x=x_0$ を代入すると、右辺の第2項より右側の項はすべてゼロになるので、

$$f'(x_0) = b$$

となって係数 b が求められます。次に (1-8) 式をさらに x

で微分します。すると、

$$f''(x) = 2c + 6d(x-x_0) + \cdots$$

となり、これに $x=x_0$ を代入すると、右辺の第2項より右側の項はすべてゼロになるので、

$$f''(x_0) = 2c$$

$$\therefore c = \frac{1}{2}f''(x_0)$$

となり、係数 c が求められます。以下同様に「微分して、$x=x_0$ を代入する」ことを繰り返すと、(1-7) 式は

$$\begin{aligned}
f(x) &= a + b(x-x_0) + c(x-x_0)^2 \\
&\quad + d(x-x_0)^3 + \cdots \\
&= f(x_0) + f'(x_0)(x-x_0) + \frac{1}{2}f''(x_0)(x-x_0)^2 \\
&\quad + \frac{1}{3 \cdot 2}f'''(x_0)(x-x_0)^3 + \cdots \\
&= f(x_0) + \frac{1}{1!}f'(x_0)(x-x_0) + \frac{1}{2!}f''(x_0)(x-x_0)^2 \\
&\quad + \frac{1}{3!}f'''(x_0)(x-x_0)^3 + \cdots \quad (1\text{-}9)
\end{aligned}$$

となります。なお、! は階乗を表す記号で、例えば 3!=3×2×1 です。これが**テイラー展開**です。

このテイラー展開は $x_0=0$ の場合はさらに簡単になり、(1-9) 式に $x_0=0$ を代入すると

$$f(x) = f(0) + \frac{1}{1!}f'(0)x + \frac{1}{2!}f''(0)x^2 + \frac{1}{3!}f'''(0)x^3 + \cdots$$

(1-10)

になります。これを**マクローリン展開**と呼びます。

■**指数関数とサイン、コサインのテイラー展開**

指数関数とサイン、コサインのテイラー展開を求めてみましょう。まず、指数関数 $f(x)=e^x$ ですが、これは実は簡単です。なぜなら指数関数の微分は

$$\frac{d}{dx}e^x = e^x$$

であるからです。このように微分しても関数の形は同じ e^x なので、

$$e^x = f(x) = f'(x) = f''(x) = \cdots$$

であり、$x=x_0$ を代入すると

$$e^{x_0} = f(x_0) = f'(x_0) = f''(x_0) = \cdots$$

となります。よって、(1-9) 式から

$$e^x = e^{x_0} + e^{x_0}(x-x_0) + \frac{1}{2}e^{x_0}(x-x_0)^2 + \frac{1}{3!}e^{x_0}(x-x_0)^3 + \cdots$$

(1-11)

が得られます。

そして、さらに $x_0=0$ の場合には、$e^0=1$ なので (1-11) 式は簡単になり

$$e^x = 1+x+\frac{1}{2}x^2+\frac{1}{3!}x^3+\cdots+\frac{1}{n!}x^n+\cdots \quad (1\text{-}12)$$

になります。これが指数関数 e^x の $x_0=0$ の近傍でのテイラー展開(すなわちマクローリン展開)です。なお、「テイラー展開で $x_0=0$ の場合」がマクローリン展開なので、本書の以降ではマクローリン展開もテイラー展開と呼ぶ場合があります。

サインとコサインのテイラー展開も同様にして

$$\frac{d}{dx}\sin x = \cos x \quad (1\text{-}13)$$

と

$$\frac{d}{dx}\cos x = -\sin x \quad (1\text{-}14)$$

の微分を使うと求められます。$x_0=0$ の場合のテイラー展開を求めた結果を書くと

$$\sin x = x-\frac{1}{3!}x^3+\frac{1}{5!}x^5-\cdots \quad (1\text{-}15)$$

$$\cos x = 1-\frac{1}{2!}x^2+\frac{1}{4!}x^4-\cdots \quad (1\text{-}16)$$

となります。

ちなみに、(1-15) 式と (1-16) 式の右辺をそれぞれ変数 x で微分してみると、(1-13) 式と (1-14) 式の

「サインの微分はコサイン」と
「コサインの微分はマイナス・サイン」

の関係が成り立っていることがわかります。

■テイラー展開を使ってオイラーの公式を定義する

これで、指数関数、サイン、コサインのテイラー展開が求められました。ここで、指数関数のテイラー展開の(1-12) 式の x（実数）を虚数の $i\theta$（ただし、θ は実数）で置き換えると、形式上

$$e^{i\theta} = 1 + \frac{i\theta}{1!} + \frac{(i\theta)^2}{2!} + \frac{(i\theta)^3}{3!} + \cdots \qquad (1\text{-}17)$$

となります。そこで、左辺の「虚数を肩に乗せた指数関数 $e^{i\theta}$」をこの式の右辺のように定義することにします。

続いて、この式の右辺を実数の項と虚数の項に分けてみます。

$$\begin{aligned} e^{i\theta} &= \left(1 - \frac{\theta^2}{2!} + \frac{\theta^4}{4!} - \cdots\right) + i\left(\theta - \frac{\theta^3}{3!} + \frac{\theta^5}{5!} - \cdots\right) \\ &= \cos\theta + i\sin\theta \end{aligned} \qquad (1\text{-}18)$$

すると、上式のように、それぞれがコサインとサインの（実数の）テイラー展開の (1-15) 式と (1-16) 式に等しくなります。これが、オイラーの公式です。

■数列と収束

(1-17) 式の右辺の各項を順番に書くと

$$1, \frac{i\theta}{1!}, \frac{(i\theta)^2}{2!}, \frac{(i\theta)^3}{3!}, \cdots$$

となりますが、このような数の並びを**数列**と呼び、無限に続く場合は**無限数列**と呼びます。複素数の無限数列を

$$z_1, z_2, z_3, \cdots, z_n, \cdots$$

と書くとき、n が大きくなるにつれて、z_n がある複素数 a に近づく場合には、「数列 z_n は a に**収束**する」と表現します。また、式では

$$\lim_{n\to\infty} z_n = a \qquad (1\text{-}19)$$

と表します。これは複素平面上で考えると、z_n と a との距離 $|z_n - a|$ が限りなくゼロに近づくことと同じなので

$$\lim_{n\to\infty} |z_n - a| = 0 \qquad (1\text{-}20)$$

と書くこともできます。

逆に、n が大きくなるにつれて、数列 z_n の絶対値 $|z_n|$ が無限大（∞）に大きくなる場合は「**発散する**」と表現し、

$$\lim_{n\to\infty} z_n = \infty$$

と表します。

例として最も簡単な数列の１つである等比数列

$$1, z, z^2, z^3, \cdots, z^n, \cdots$$

が0に収束するか発散するかの条件を考えてみましょう。
答えを先に言うと、この数列の収束か発散かの条件は

$$|z| < 1 \quad \text{か} \quad |z| > 1 \quad \text{か}$$

です。(1-19) 式にならうと、数列 z^n が0に収束するかどうかは、$n \to \infty$ の場合に $|z^n - 0|$ が0に近づくかどうかで決まります。$|z^n - 0|$ は

$$|z^n - 0| = |z^n|$$
$$= |z|^n \quad \text{(次章で登場する (2-11) 式を使います)}$$

と変形できるので、

$|z| < 1$ の場合には、$|z^n - 0| = |z|^n \to 0$ となり、
$|z| > 1$ の場合には、$|z^n - 0| = |z|^n \to \infty$ となることから

$|z|$ が1より大きいか小さいかで、数列 z^n が0に収束するか発散するかが決まることがわかります。

次に、この数列 z^n の和を無限の個数とった等比級数

$$\sum_{n=0}^{\infty} z^n \qquad (1\text{-}21)$$

が収束するか、発散するかを考えてみましょう。このように n が無限に続く級数を、**無限等比級数**と呼びます。この級数の有限な項で足し算を止めた場合は**部分和**と呼び、ここでは次式のように S とおきます。

$$S = 1+z+z^2+z^3+\cdots+z^{n-1} \quad (ただし、z \neq 1 とします)$$

この部分和 S の求め方は高校数学で学ぶ等比級数の求め方と同じです。まず、部分和 S に z をかけて zS とし、

$$zS = z+z^2+z^3+\cdots+z^n$$

zS から S を引きます。すると

$$\begin{aligned}zS-S &= (z+z^2+z^3+\cdots+z^n) \\ &\quad -(1+z+z^2+z^3+\cdots+z^{n-1}) \\ &= z^n-1\end{aligned}$$

となるので、この式を整理すると

$$S(z-1) = z^n-1$$
$$\therefore S = \frac{z^n-1}{z-1}$$

が得られます。よって、(1-21) 式の無限等比級数は、この部分和 S において n が無限大の極限をとることと同じなので

$$\sum_{n=0}^{\infty} z^n = \lim_{n \to \infty} \frac{z^n-1}{z-1}$$

と表されます。この式をよく見ると、左辺の無限等比級数が収束するか発散するかは、右辺の分子の中の z^n が収束するか、発散するかによって決まることがわかります。数列 z^n が収束するか、発散するかは、先ほど見たように $|z|$

が1より大きいか小さいかで決まるので、

$$|z|<1 \text{ の場合には、} \sum_{n=0}^{\infty} z^n = \frac{1}{1-z} \quad (1\text{-}22)$$

となり

$|z|>1$ の場合には、無限大に発散する

ことがわかります。

(1-21) 式のような n 次多項式の無限級数を、**べき級数**と呼びます。(1-21) 式のべき級数が収束するか、発散するか

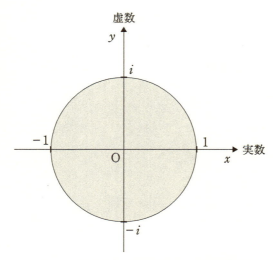

図 1-4 　原点を中心とする半径 1 の収束円

は、$|z|$ が 1 より大きいか小さいかで決まることがわかりました。この関係を複素平面上で表したのが図 1-4 です。原点を中心とする半径 1 の円を描いていますが、この円の内側では (1-21) 式は収束するので、この円を**収束円**と呼び、この円の半径（ここでは 1）を**収束半径**と呼びます。

■関数の極限と連続性

前節で数列の収束と発散について学びましたが、複素数の関数 $f(z)$ についても収束や発散を考えることができます。関数の場合は、「複素数の変数（複素変数）z が、ある複素数 a に近づくとき、関数 $f(z)$ の値が複素数 b に近づくこと」を、式では

$$\lim_{z \to a} f(z) = b$$

で表し、「関数 $f(z)$ は極限 b を持つ」と表現します。ただし、「z が複素平面上のどの方向から a に近づいても、関数 $f(z)$ は同一の数 b に近づく」という条件がつきます。

一方、複素変数 z が、ある複素数 a に近づくとき、関数の絶対値 $|f(z)|$ が限りなく大きくなって発散する場合は

$$\lim_{z \to a} f(z) = \infty$$

と表します。

次に「複素関数の連続」という概念も頭に入れておきましょう。わかりやすくするために次の文は 4 つに分けて書いています。

(1) 複素平面上の点 a での関数 $f(z)$ の値が $f(a)$ であるとき、
(2) z が複素平面上のどの方向から点 a に近づいても、
(3) 関数 $f(z)$ の値が $f(a)$ に限りなく近づくならば、
(4) 関数 $f(z)$ は点 a で**連続**である、と言う。

これが「複素関数の連続」の定義です。式では

$$\lim_{z \to a} f(z) = f(a)$$

で表します。先ほどの極限の場合と同じように、複素関数 $f(z)$ が連続であるためには「z が複素平面上のどの方向から a に近づいても、関数 $f(z)$ は同一の $f(a)$ に近づくこと」が要求されます。

本書では、第3章で複素関数の微分が登場しますが、複素関数 $f(z)$ が点 a で微分可能であるためには、まず点 a で連続である必要があります。つまり、「複素関数の連続性が成立すること」は「複素関数が微分可能であること」の必要条件です。

さて、本章では複素数の基礎を身に付けました。本章で学んだ公式を以下にまとめます。複素数の概念がだんだんと頭に入っていったことと思います。今まで知っていた実数とは異なる数なので、慣れるには時間がかかるかもしれません。付属問題もこの後に1つあるので頭の体操に挑戦してみてください。次章では複素数が持つ様々な性質を見ていきます。

◆付属問題 1

次の式を満たす複素数 z を複素平面上に書いてください。

$$|z-2-i| = 2$$

虚数単位

$$i = \sqrt{-1}$$
$$i \times i = -1$$

複素数

$a+ib$
　実部　　$\mathrm{Re}(z) = a$
　虚部　　$\mathrm{Im}(z) = b$

$a+ib = c+id$ の場合、$a = c$ かつ $b = d$
$a+ib = 0$ の場合、$a = 0$ かつ $b = 0$
$a+ib$ の絶対値 $|a+ib| = \sqrt{a^2+b^2}$
$a+ib$ の**複素共役** $a-ib$
複素数 $a+ib$ の偏角 $\arg(a+ib) = \theta$ のとき

$$\tan\theta = \frac{b}{a},\ \theta = \tan^{-1}\frac{b}{a}$$

三角不等式

$$|z_1+z_2| \leq |z_1|+|z_2| \qquad (1\text{-}1)$$

一般化した三角不等式

$$|z_1+z_2+\cdots+z_n| \leq |z_1|+|z_2|+\cdots+|z_n| \quad (1\text{-}4)$$

関数 $f(x)$ のテイラー展開

$$f(x) = f(x_0)+\frac{1}{1!}f'(x_0)(x-x_0)+\frac{1}{2!}f''(x_0)(x-x_0)^2$$
$$+\frac{1}{3!}f'''(x_0)(x-x_0)^3+\cdots \qquad (1\text{-}9)$$

関数 $f(x)$ のマクローリン展開

$$f(x) = f(0)+\frac{1}{1!}f'(0)x+\frac{1}{2!}f''(0)x^2$$
$$+\frac{1}{3!}f'''(0)x^3+\cdots \qquad (1\text{-}10)$$

$f(x)=e^x$ のテイラー展開

$$e^x = e^{x_0}+e^{x_0}(x-x_0)+\frac{1}{2}e^{x_0}(x-x_0)^2$$
$$+\frac{1}{3!}e^{x_0}(x-x_0)^3+\cdots \qquad (1\text{-}11)$$

$f(x)=e^x$ のマクローリン展開

$$e^x = 1+x+\frac{1}{2}x^2+\frac{1}{3!}x^3+\cdots+\frac{1}{n!}x^n+\cdots \quad (1\text{-}12)$$

サインとコサインのマクローリン展開

$$\sin x = x - \frac{1}{3!}x^3 + \frac{1}{5!}x^5 - \cdots \quad (1\text{-}15)$$

$$\cos x = 1 - \frac{1}{2!}x^2 + \frac{1}{4!}x^4 - \cdots \quad (1\text{-}16)$$

オイラーの公式

$$e^{i\theta} = 1 + \frac{i\theta}{1!} + \frac{(i\theta)^2}{2!} + \frac{(i\theta)^3}{3!} + \cdots$$

$$= \cos\theta + i\sin\theta \quad (1\text{-}18)$$

数列の収束

$\lim_{n\to\infty} z_n = a$ は $\lim_{n\to\infty}|z_n - a| = 0$ (1-20) と同じ

等比数列 z^n は、$|z|<1$ の場合 0 に収束し

$|z|>1$ の場合に無限大に発散する

無限等比級数

$\sum_{n=0}^{\infty} z^n = \lim_{n\to\infty} \dfrac{z^n - 1}{z - 1}$ (ただし、$z \neq 1$) は

$|z|<1$ の場合には、$\sum_{n=0}^{\infty} z^n = \dfrac{1}{1-z}$ (1-22) となり

$|z|>1$ の場合には、無限大に発散する

関数の極限

 z が複素平面上のどの方向から a に近づいても、z が a に近づくにつれて、関数 $f(z)$ が限りなく b に近づくとき、極限 b を持つと言う。

第 1 章 複素数って何？

$$\lim_{z \to a} f(z) = b$$

関数 $f(z)$ が z が a に近づくと発散するとき

$$\lim_{z \to a} f(z) = \infty$$

複素関数の連続性

z が複素平面上のどの方向から a に近づいても、z が a に近づくにつれて、関数 $f(z)$ が限りなく $f(a)$ に近づくとき、連続であると言う。

$$\lim_{z \to a} f(z) = f(a)$$

ガウス

ガウス平面に名を残したガウスは、1777 年にドイツのブラウンシュバイクに生まれました。ガウスが目から鼻に抜けるような神童であったことはよく知られています。例えば、小学生の時に、教師が「1 から 100 までの足し算」の問題を出しました。他の子供たちが、1+2+3+… の計算に躍起になっていたところ、ガウスだけが何もしないで、涼しい顔をしていました。教師がいぶかってガウスに声をかけました。すると、ガウスは即座に、「答えは 5050 です」と答えました。このときガウスが考えた計算方法とは以下のようなものでした。まず、1 から 100 までの足し算を式に書くと

1+2+3+…+50+51+…+98+99+100

Johann Carl Friedrich Gauß

となります。ガウスは、この最初と最後の1と100を足すと101になり、その次に2と99を足しても101になることに即座に気づいたのです。この「和が101になるペア」は最後の50＋51までで50個あるので、

$$101 \times 50 = 5050$$

と即座に答えたのでした。

　ガウスは1798年にゲッチンゲン大学を卒業しましたが、学生時代の1796年に、定規とコンパスで正17角形を作図できることを発見しました。定規とコンパスで作図できる正多角形は、古代ギリシアのユークリッドの時代の後、2000年以上にわたって発見されていませんでした。ある正多角形を定規とコンパスで作図できるかどうかは、ある方

第1章 複素数って何？

程式を解けるかどうかで決まるのですが、正17角形の場合の解をガウスは見つけたのです。1801年には『整数論研究』を出版して、ヨーロッパで広く名前を知られるようになりました。また、1801年にイタリアで発見された小惑星の軌道を計算し、1年後に再び現れた小惑星の位置がガウスの計算と一致したことでも有名になりました。1807年にゲッチンゲン天文台長になり、生涯この職に留まりました。

　ガウスの時代は、研究を発表する制度が整っていないこともあって、ガウスは研究の全てを公表したわけではありませんでした。ガウスは正17角形の作図法を見出した1796年3月30日から1日当たり1行か2行の日記をつけ始め、1814年まで続けました。日記が発見されたのはガウス没後40年以上を経た1897年のことでした。この日記の調査によって、いくつかの研究においては、他の数学者たちの研究よりも、ガウスの方が早かったことが明らかになりました。ガウスはガウス平面に名を残しているように、複素数の重要性に早くから気づいた数学者でした。本書に登場する「代数学の基本定理」の証明も4種類も考え出しました。ガウスは数学だけでなく、物理学でも活躍し、電磁気学の「ガウスの法則」と磁束密度の単位「ガウス」にも名前を残しています。

　一方で、自分自身が教師を必要としなかったことからか、教育にはあまり熱心ではなかったようです。ただ、本書に登場するリーマンの大学での教育研究資格の審査の際には、リーマンの研究を激賞しました。ガウスは、歴史上の最も偉大な数学者の一人であると考えられています。

第2章

複素数が持つ様々な関係

■サインとコサインを $e^{i\theta}$ と $e^{-i\theta}$ で表す

 前章で複素数の基礎とオイラーの公式を理解しました。本章では、その複素数が持つ様々な関係を見ていきましょう。

 まず、オイラーの公式を使うとサインとコサインを $e^{i\theta}$ と $e^{-i\theta}$ を使って表せます。オイラーの公式から

$$e^{-i\theta} = \cos(-\theta) + i\sin(-\theta)$$
$$= \cos\theta - i\sin\theta \qquad (2\text{-}1)$$

となるので、もとのオイラーの公式である(1-18)式と足し合わせると、

$$e^{i\theta} + e^{-i\theta} = 2\cos\theta$$

となり、よって

$$\cos\theta = \frac{e^{i\theta} + e^{-i\theta}}{2} \qquad (2\text{-}2)$$

が得られます。

 サインについても(1-18)式から(2-1)式を引いて $2i$ で割れば

$$\sin\theta = \frac{e^{i\theta} - e^{-i\theta}}{2i} \qquad (2\text{-}3)$$

が得られます。

 このオイラーの公式を使うと、前章で見た複素数の極形式を次式のように指数関数を使って表せます。

$$a+ib = r(\cos\theta + i\sin\theta)$$
$$= re^{i\theta}$$

また、複素共役は

$$a-ib = re^{-i\theta}$$

になります。

ここまでは指数関数の肩には虚数の $i\theta$ が乗っていますが、複素数 z を変数とする三角関数のコサインとサインも (2-2) 式と (2-3) 式と同様の

$$\cos z = \frac{e^{iz}+e^{-iz}}{2}$$

$$\sin z = \frac{e^{iz}-e^{-iz}}{2i}$$

で定義します。なので、指数関数の肩には複素数の iz が乗ります。このそれぞれを 2 乗して足すと実変数の三角関数と同じく

$$\cos^2 z + \sin^2 z$$
$$= \frac{e^{i2z}+2e^{iz}e^{-iz}+e^{-i2z}}{4} - \frac{e^{i2z}-2e^{iz}e^{-iz}+e^{-i2z}}{4}$$
$$= \frac{4e^{iz}e^{-iz}}{4} = 1$$

が成り立ちます。

■ ド・モアブルの定理

実数 θ_1, θ_2 を肩に乗せた指数関数のかけ算には、高校数

学で習ったように

$$e^{\theta_1}e^{\theta_2} = e^{\theta_1+\theta_2} \tag{2-4}$$

の関係があります。指数が複素数の場合にも類似の公式が成り立ち、2つの複素数を $z_1=a_1+ib_1$ と $z_2=a_2+ib_2$ とすると（ただし、a_1, b_1, a_2, b_2 は実数です）

$$e^{z_1}e^{z_2} = e^{z_1+z_2} \tag{2-5}$$

の関係が成り立ちます。この式を導いてみましょう。

まず、以下の計算をします。

$$\begin{aligned} e^{z_1}e^{z_2} &= e^{a_1+ib_1}e^{a_2+ib_2} \\ &= e^{a_1}e^{a_2}e^{ib_1}e^{ib_2} \\ &= e^{a_1+a_2}e^{ib_1}e^{ib_2} \end{aligned} \tag{2-6}$$

続いて、$e^{ib_1}e^{ib_2}$ にオイラーの公式を使うと

$$\begin{aligned} e^{ib_1}e^{ib_2} &= (\cos b_1 + i\sin b_1)(\cos b_2 + i\sin b_2) \\ &= \cos b_1 \cos b_2 + i\sin b_1 \cos b_2 \\ &\quad + i\cos b_1 \sin b_2 - \sin b_1 \sin b_2 \\ &= \cos b_1 \cos b_2 - \sin b_1 \sin b_2 \\ &\quad + i(\sin b_1 \cos b_2 + \cos b_1 \sin b_2) \end{aligned}$$

となり、これに高校数学で習った三角関数の加法定理の公式

$$\cos(b_1+b_2) = \cos b_1 \cos b_2 - \sin b_1 \sin b_2$$

と

$$\sin(b_1+b_2) = \sin b_1 \cos b_2 + \cos b_1 \sin b_2$$

を使うと

$$\begin{aligned}e^{ib_1}e^{ib_2} &= \cos(b_1+b_2) + i\sin(b_1+b_2) \\ &= e^{i(b_1+b_2)}\end{aligned}$$

となるので、これを (2-6) 式の右辺に代入すると

$$\begin{aligned}e^{z_1}e^{z_2} &= e^{a_1+a_2}e^{ib_1}e^{ib_2} \\ &= e^{a_1+a_2}e^{i(b_1+b_2)} \\ &= e^{a_1+a_2+i(b_1+b_2)} \\ &= e^{z_1+z_2}\end{aligned}$$

となります。よって、(2-5) 式が証明できました。つまり、指数関数のかけ算では、実数を肩に乗せる (2-4) 式と、複素数を肩に乗せる (2-5) 式は同じ形になります。

この (2-5) 式では $z=z_1=z_2$ の場合には

$$(e^z)^2 = e^z e^z = e^{z+z} = e^{2z}$$

が成り立つことがわかりますが、同様に考えてかけ算を繰り返すと

$$(e^z)^n = e^{nz} \qquad (2\text{-}7)$$

も成り立つことがわかります。

(2-7) 式で $z=i\theta$ (θ は実数) の場合には、オイラーの公式を使うと、

$$\text{左辺} = (e^{i\theta})^n = (\cos\theta + i\sin\theta)^n$$

で

$$\text{右辺} = e^{in\theta} = \cos n\theta + i\sin n\theta$$

なので

$$(\cos\theta + i\sin\theta)^n = \cos n\theta + i\sin n\theta \qquad (2\text{-}8)$$

が成り立つことがわかります。これを**ド・モアブルの定理**と呼びます。

■複素数どうしのかけ算と割り算の絶対値と偏角

(2-5) 式を使うと偏角のかけ算の公式が導けます。2つの複素数を極形式で書いて

$$z_1 = r_1 e^{i\theta_1} \quad \text{と} \quad z_2 = r_2 e^{i\theta_2}$$

とします。このそれぞれの偏角は式で書くと

$$\arg(z_1) = \theta_1 \quad \text{と} \quad \arg(z_2) = \theta_2$$

です。また、それぞれの絶対値は

$$|z_1| = r_1 \quad \text{と} \quad |z_2| = r_2$$

となります。z_1 と z_2 のかけ算を計算すると、(2-5) 式を使って

$$z_1 z_2 = r_1 e^{i\theta_1} r_2 e^{i\theta_2}$$

$$= r_1 r_2 e^{i\theta_1} e^{i\theta_2}$$
$$= r_1 r_2 e^{i(\theta_1+\theta_2)} \quad (2\text{-}9)$$

となります。

両辺の偏角をとると

$$\arg(z_1 z_2) = \theta_1 + \theta_2$$
$$= \arg(z_1) + \arg(z_2) \quad (2\text{-}10)$$

となり、「2つの複素数のかけ算 $z_1 z_2$ の偏角」と「個々の偏角の和 $\theta_1+\theta_2$」が等しいという関係が成り立ちます。

また、絶対値については、(2-9)式の右辺に複素共役をかけてその平方根から絶対値を求めると

$$|z_1 z_2| = \sqrt{r_1 r_2 e^{i(\theta_1+\theta_2)} r_1 r_2 e^{-i(\theta_1+\theta_2)}}$$
$$= r_1 r_2$$
$$= |z_1||z_2| \quad (2\text{-}11)$$

が成り立つことがわかります。この式は本書の後半の積分の計算で活躍します。

割り算の場合には

$$\frac{z_1}{z_2} = \frac{r_1 e^{i\theta_1}}{r_2 e^{i\theta_2}} = \frac{r_1}{r_2} e^{i\theta_1} e^{-i\theta_2} = \frac{r_1}{r_2} e^{i(\theta_1-\theta_2)}$$

となるので、両辺の偏角をとると

$$\arg\left(\frac{z_1}{z_2}\right) = \theta_1 - \theta_2 = \arg(z_1) - \arg(z_2) \quad (2\text{-}12)$$

が成り立ち、絶対値については

$$\left|\frac{z_1}{z_2}\right| = \frac{|z_1|}{|z_2|}$$

が成り立つことがわかります。

この複素数のかけ算が、複素平面上でどのような働きをするのかを見ておきましょう。簡単のために

$$|z_1| = r_1 = 1$$

の場合でのかけ算 $z_1 z_2$ を考えると、

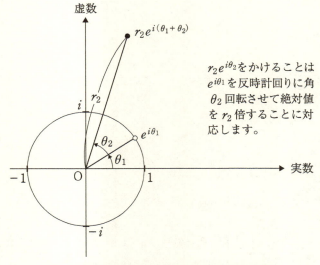

$r_2 e^{i\theta_2}$ をかけることは $e^{i\theta_1}$ を反時計回りに角 θ_2 回転させて絶対値を r_2 倍することに対応します。

図 2-1　複素平面上での $r_2 e^{i\theta_2}$ のかけ算の働き

$$z_1 z_2 = r_1 e^{i\theta_1} r_2 e^{i\theta_2} = e^{i\theta_1} r_2 e^{i\theta_2} = r_2 e^{i(\theta_1+\theta_2)}$$

となります。右辺を見ると、偏角は θ_1 から $\theta_1+\theta_2$ に変わり、絶対値は 1 から r_2 に変わったことがわかります。この関係を複素平面上に図示したのが図 2-1 です。この図のように、$e^{i\theta_1}$ に $r_2 e^{i\theta_2}$ をかけることは、反時計回りに角 θ_2 回転させて、絶対値を r_2 倍することを意味します。

逆に $e^{i\theta_1}$ を $r_2 e^{i\theta_2}$ で割る場合は、先ほどの逆なので、時計回りに角 θ_2 回転させて、絶対値を r_2 で割る（$1/r_2$ 倍する）ことになります。

■複素数の 3 乗根

第 1 章で、-1 の平方根を表す方法として虚数単位 i を導入しました。ここでは、さらなる発展として、ある複素数 $z(\neq 0)$ の 3 乗根について考えてみましょう。複素数 $z = r(\cos\theta + i\sin\theta)$ の 3 乗根を $w = l(\cos\phi + i\sin\phi)$ で表すことにすると（ϕ：ファイ）、両者の関係は

$$w = z^{\frac{1}{3}} \tag{2-13}$$

であり、

$$z = w^3$$

なので、後者を θ と ϕ を使って表すと

$$r(\cos\theta + i\sin\theta) = \{l(\cos\phi + i\sin\phi)\}^3$$

$$= l^3(\cos\phi + i\sin\phi)^3$$

となります。右辺にド・モアブルの定理を使うと

$$= l^3(\cos 3\phi + i\sin 3\phi) \qquad (2\text{-}14)$$

となります。この両辺の絶対値をとると

$$r = l^3$$
$$\therefore\ l = r^{\frac{1}{3}}$$

が得られ、また、この関係を (2-14) 式に使うと

$$\cos\theta + i\sin\theta = \cos 3\phi + i\sin 3\phi$$

が得られます。両辺の実部どうしが等しく、また両辺の虚部どうしが等しいことから

$$\cos\theta = \cos 3\phi,\ \sin\theta = \sin 3\phi \qquad (2\text{-}15)$$

の関係が得られます。「θ のコサインやサイン」と「θ と 2π の整数倍異なる角のコサインやサイン」は同じ値なので、m を整数としてコサインとサインでは

$$\cos\theta = \cos(\theta + 2m\pi),\ \sin\theta = \sin(\theta + 2m\pi)$$

の関係があります。よって、(2-15) 式から

$$3\phi = \theta + 2m\pi$$

第 2 章 複素数が持つ様々な関係

$$\therefore \phi = \frac{\theta}{3} + \frac{2m\pi}{3}$$

が得られます。これから $m=0, 1, 2, 3, 4, \cdots$ の場合に

$$\phi = \frac{\theta}{3}, \ \frac{\theta}{3}+\frac{2\pi}{3}, \ \frac{\theta}{3}+\frac{4\pi}{3}, \ \frac{\theta}{3}+\frac{6\pi}{3}, \ \cdots$$

が得られ、2π(=360度)以上異なるものを省略すると

$$\phi = \frac{\theta}{3}, \ \frac{\theta}{3}+\frac{2\pi}{3}, \ \frac{\theta}{3}+\frac{4\pi}{3}$$

となります。よって3乗根を $z^{\frac{1}{3}} = w_0, w_1, w_2$ と置くと

$$w_0 = r^{\frac{1}{3}} e^{i\frac{\theta}{3}}, \ w_1 = r^{\frac{1}{3}} e^{i\left(\frac{\theta}{3}+\frac{2\pi}{3}\right)}, \ w_2 = r^{\frac{1}{3}} e^{i\left(\frac{\theta}{3}+\frac{4\pi}{3}\right)}$$

となり、$2\pi/3$ は120度で $4\pi/3$ は240度なので複素平面上では図2-2のようになります。この w_0, w_1, w_2 を**分枝**と呼び、w_0 を**主値**と呼びます。

同様に考えると、複素数 $z = r(\cos\theta + i\sin\theta)$ の n 乗根 $z^{\frac{1}{n}}$ を求められます。3乗根が3個あったように n 乗根も n 個あり、

$$z^{\frac{1}{n}} = r^{\frac{1}{n}} \left\{ \cos\left(\frac{\theta}{n}+\frac{2\pi k}{n}\right) + i\sin\left(\frac{\theta}{n}+\frac{2\pi k}{n}\right) \right\}$$

$$(k=0, 1, 2, \cdots, n-1)$$

となります。

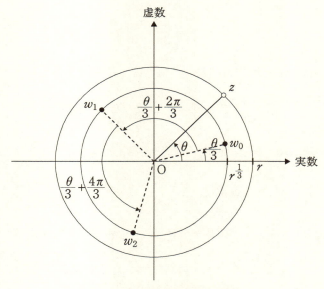

図2-2　複素数 z の3乗根

■リーマン面

　前節の (2-13) 式では、1つの z に対して3つの w が得られました。このような関数を**多価関数**と呼びます。これに対して1つの z に対して1つの w が対応する関数を**1価関数**と呼びます。(2-13) 式の関係を1価関数として扱う方法を考えてみましょう。

　1価関数として扱うには、まず w は主値だけをとることにします。z の偏角 θ の範囲が0から 2π までの場合は、前節で見たように主値の偏角は $\phi = \theta/3$ なので、主値の偏

角の範囲は 0 から $2\pi/3$ までになります。次に、z の偏角の範囲が 2π から 4π までの場合を考えてみましょう。このとき「z の偏角の範囲が 0 から 2π までの場合」との対応を見るために、z の偏角を θ' とし、$\theta' \equiv \theta + 2\pi$($0 \leq \theta < 2\pi$)とおいて考えます($\theta$ は「z の偏角の範囲が 0 から 2π までの場合」の偏角に対応します)。前節と同様に考えると

$$3\phi = \theta' = \theta + 2\pi + 2m\pi$$

$$\therefore \phi = \frac{\theta}{3} + \frac{2\pi}{3} + \frac{2m\pi}{3}$$

となり、$m = 0, 1, 2$ の場合に

$$\phi = \frac{\theta}{3} + \frac{2\pi}{3}, \ \frac{\theta}{3} + \frac{4\pi}{3}, \ \frac{\theta}{3} + 2\pi$$

となります。この場合の主値 w_0 の偏角は

$$\frac{\theta}{3} + \frac{2\pi}{3}$$

となりますが、これは「z の偏角の範囲が 0 から 2π までの場合」の w_1 の偏角に対応します。つまり、分枝が 1 つずれることがわかります。また、この主値の偏角の範囲が $2\pi/3$ から $4\pi/3$ までになることもわかります。

同様に考えると、z の偏角の範囲が 4π から 6π までの場合は、分枝がさらに 1 つずれることがわかります。また、主値の偏角の範囲が $4\pi/3$ から 2π までになることもわかります。

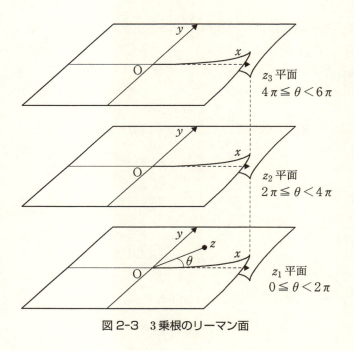

図2-3 3乗根のリーマン面

 そして、さらに z の偏角の範囲が 6π から 8π までの場合は、分枝がさらに1つずれて、z の偏角の範囲が 0 から 2π までの場合と同じになることがわかります。

 そこで、1価関数の関係を維持する1つの方法としては、z の偏角の範囲を、「0 から 2π まで」と「2π から 4π まで」と「4π から 6π まで」の3つの z 平面を用意し、それぞれを、z_1 平面、z_2 平面、z_3 平面と名付け、それぞれを図 2-3 のように正の実軸でいったん切り離したうえで、その上の平面につなげばよいということになります。このとき z_3

平面での偏角 6π の正の実軸と z_1 平面の偏角 0 の実軸をつなぎます。この3枚の複素平面をつなぎあわせた1枚の複素平面を**リーマン面**と呼びます。また、原点の周りを1周するごとに複素平面が変わりますが、このような点を**分岐点**と呼びます。リーマン面では1価関数になるので微分や積分が可能になるというメリットがあります。

なお、ここでは「正の実軸」を境界にしましたが、各 z 平面を「$-\pi$ から π まで」と「π から 3π まで」というふうにとる場合には、「負の実軸」が境界になります。

■複素指数関数の微分

指数が複素変数である指数関数を**複素指数関数**と呼びます。例えば、変数 $(a+ib)x$ が指数である

$$e^{(a+ib)x}$$

が複素指数関数です(a, b, x は実数とします)。

この $e^{(a+ib)x}$ を x で微分することを考えてみましょう。と言っても、硬くなる必要はありません。実は、コサインとサインの微分の知識だけで充分です。まず、指数を実数と虚数に分けて積の微分公式を使います。すると、

$$\frac{d}{dx}e^{(a+ib)x} = \frac{d}{dx}(e^{ax}e^{ibx})$$

$$= \left(\frac{d}{dx}e^{ax}\right)e^{ibx} + e^{ax}\frac{d}{dx}e^{ibx}$$

$$= ae^{ax}e^{ibx} + e^{ax}\frac{d}{dx}e^{ibx}$$

$$= ae^{(a+ib)x} + e^{ax}\frac{d}{dx}e^{ibx} \quad (2\text{-}16)$$

となります。よって、あとは

$$\frac{d}{dx}e^{ibx}$$

の微分を求めればよいわけです。複素数の微分では、実数と虚数を別々に微分します。したがって、オイラーの公式を使って、実数と虚数に分けてみます。すると、

$$\frac{d}{dx}e^{ibx} = \frac{d}{dx}(\cos bx + i\sin bx)$$

$$= \frac{d}{dx}\cos bx + i\frac{d}{dx}\sin bx$$

と書き直せます。右辺の微分は三角関数の微分なので

$$= -b\sin bx + ib\cos bx$$
$$= ib(i\sin bx + \cos bx)$$
$$= ibe^{ibx}$$

となります。最後の行では、再びオイラーの公式を使って指数関数の形に戻しています。これをまとめると

$$\frac{d}{dx}e^{ibx} = ibe^{ibx} \quad (2\text{-}17)$$

となります。これは、指数が実数の指数関数の微分

$$\frac{d}{dx}e^{ax} = ae^{ax}$$

とほとんど同じ形をしています。指数から、変数 x 以外の部分（前々式では ib で、前式では a）を抜き出して前に付け足すだけです。

よって、(2-16) 式の続きに戻ると

$$\begin{aligned}\frac{d}{dx}e^{(a+ib)x} &= ae^{(a+ib)x} + e^{ax}\frac{d}{dx}e^{ibx} \\ &= ae^{(a+ib)x} + e^{ax}ib\,e^{ibx} \\ &= ae^{(a+ib)x} + ibe^{(a+ib)x} \\ &= (a+ib)e^{(a+ib)x}\end{aligned} \qquad (2\text{-}18)$$

となります。つまり、この複素指数関数の微分でも、先ほどと同様に、指数から変数 x 以外の部分の $a+ib$ を取り出して前に付け足せばよいということになります。

なお、複素変数 z を指数とする指数関数 e^z と $e^{z+i2\pi n}$ （$n=0, \pm 1, \cdots$）は等しいという性質があります。$e^{z+i2\pi n}$ を次式のように変形すると

$$e^{z+i2\pi n} = e^z e^{i2\pi n} \quad (n=0, \pm 1, \cdots)$$

となり、右辺の $e^{i2\pi n}$ は 2π（$=360$ 度）の整数倍の回転なので 1 であり、e^z と $e^{z+i2\pi n}$ は等しいことがわかります。

関数 $F(z)$ が

$$F(z) = F(z+na) \quad (n=0, \pm 1, \cdots)$$

という関係を持つとき、これを周期 a の周期関数と呼びます。複素指数関数 e^z は周期 $2\pi i$ の周期関数です。

$z = x + iy$ (x と y は実数) と置くと、複素指数関数は

$$e^z = e^{x+iy} = e^x e^{iy} = e^x(\cos y + i \sin y)$$

と書けますが、実数の指数関数 e^x はゼロの値をとることはなく (常に正の値です)、$\cos y + i \sin y$ もゼロにはならないので (例えば $\cos y = 0$ となる y では $\sin y \neq 0$ なので)、両者のかけ算である複素指数関数 e^z もゼロにはなりません。

■波を表すのに便利な虚数

　虚数と複素数は、物理学や工学でよく使われます。なぜよく使われるのか、その理由を見ておきましょう。

　虚数が使われるのは、波を表すのに都合がよいからです。波には2種類あります。1つはずっと振動し続ける波で、もう1つは、だんだん小さくなっていく波 (あるいはだんだん大きくなっていく波)、すなわち減衰する波 (あるいは増大する波) です。振動する波の代表はサイン波で、図2-4上図のように

$$\sin ax$$

で表されます (コサインでも振動する波を表せます)。

　では、もう1つの減衰する波とはどのような波でしょうか。例えば、音の波がコンクリートの壁を伝わる場合を考えてみましょう。音の波はコンクリートの壁を伝わるうち

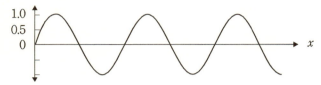

振動する波（sin ax：サイン波）

減衰する波（e^{-bx}：指数関数）

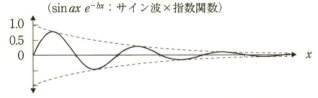

振動しながら減衰する波
（$\sin ax\ e^{-bx}$：サイン波×指数関数）

図 2-4　振動する波、減衰する波、減衰振動の波

に、どんどん小さくなっていきます。これが減衰する波の一例です。コンクリートの中に深く進入するほど、音は小さくなることから、コンクリートの壁が厚いほど防音性能はよいということになります。マンションの壁や床が厚い方がよいのはこのためです。

マンションの壁の厚さを x として音の大きさを表すには

$$e^{-bx}$$

という形の指数関数が適している場合が多いようです。図2-4中図のようにこの関数は、b が正の実数であれば、x が大きくなるほど急に小さくなっていくのが特徴です（b を負の実数にとれば、減衰とは逆に x が大きくなるほど急に大きくなる波も表せます）。

したがって、この2種類の波を表すには

$$\sin ax \quad \text{または} \quad \cos ax$$

という関数と

$$e^{-bx}$$

という関数が適していることがわかります。

実際の波は振動しながら減衰する波であったり、振動しながら増大する波であったりする場合が多いので、この2つの波を1つの式で表す必要があります。式としては簡単で、この2つのかけ算

$$\sin ax \cdot e^{-bx} \quad \text{または} \quad \cos ax \cdot e^{-bx}$$

で表せます（ここで a, b, x は実数）。例えば、$a=1$ で $b=0$ の場合は振動する波、すなわちサイン波またはコサイン波を表し、$a=0, b=1$ の場合は減衰波を表します。a と b がともに0ではない場合はどうなるでしょうか。この場合は、振動しながら減衰する波（あるいは振動しながら増大する波）になります（図2-4下図）。

これらの式はオイラーの公式を使えば、もっと簡単かつ便利に表せます。先ほどの

$$\sin ax \cdot e^{-bx}$$

という波は、オイラーの公式を使えば

$$\begin{aligned}e^{i(a+ib)x} &= e^{iax}e^{-bx}\\ &= \cos ax\cdot e^{-bx} + i\sin ax\cdot e^{-bx}\end{aligned}$$

の虚部(右辺の第2項)をとればよいということになります。コサインで振動する波のときには実部(右辺の第1項)をとればよいのです。このように複素指数関数 $e^{i(a+ib)x}$ を使えば、波を簡単に表現できます。また、前節の(2-18)式で見たように、微分もサインやコサインより複素指数関数の方が簡単なのです。このため、複素指数関数は波を表す関数として科学の様々な分野でよく使われています。

■複素指数関数の応用の実例——量子力学

複素指数関数が大活躍する分野の例としては、**量子力学**があります。19世紀の終わりに、電子や原子の領域に人間の知力の範囲が及び始めると、ガリレオとニュートンが切り開いたニュートン力学では、電子や原子の振る舞いを説明できないことがわかってきました。その謎の解明には何人もの天才たちが挑みましたが、オーストリアのシュレディンガー(1887〜1961)が新たな方程式を生み出したことによって、これらの微小な粒子の振る舞いの解明が大いに進みました。

この方程式を**シュレディンガー方程式**と呼びます。

この電子や原子の振る舞いを表す力学を量子力学と呼びます。量子力学では、電子は粒子であるとともに波であると考えます。ここではこの電子の空間的な波を関数

$$f(x) = Ae^{ikx}$$

で表すことにします。この関数を**波動関数**と呼びます。変数 x は図 2-4 と同じく、空間的な位置の座標を表します。A は波の振幅の大きさを表します。k は**波数**と呼ばれる定数で、「空間的に振動する波」を表す場合は k は実数で「$k=2\pi/$波長」で定義されます。また、「空間的に減衰する波」を表す場合は、k は虚数になります。

このとき定常的に安定な電子の波が満たすのが次のシュレディンガー方程式です（『高校数学でわかるシュレディンガー方程式』p.59）。

$$-\frac{\hbar^2}{2m}\frac{d^2}{dx^2}Ae^{ikx} + VAe^{ikx} = EAe^{ikx}$$

この式の数学的な構造を見てみると、左辺に 2 階の微分があることと、波の関数が複素指数関数であることが特徴であることに気づきます。それらはすでに、本書で学んでいます。つまり、数学的にはもはやシュレディンガー方程式は読者の皆さんにとって難解な存在ではないということになります。

次に定数を見ていくと、E はエネルギーで V はポテンシャルエネルギーと呼ばれる量です。また、m は電子の質

量で、$\hbar$ はプランク定数と呼ばれる量を 2π で割ったものです。もちろんこれだけの解説ではシュレディンガー方程式の物理的な意味の理解は不十分でしょう。しかし、数学的には難しくはありません。物理的な内容にご興味がある方は拙著の『高校数学でわかるシュレディンガー方程式』をご覧ください。本書の知識を活用すれば容易に量子力学の世界に踏み込んでいけることでしょう。

さて、第2章では複素数の持つ様々な性質を見てきました。これらの性質はなかなか役に立ちます。付属問題2で頭の体操を終えると、次章ではいよいよ複素関数の微分に取り組みます。

◆付属問題２

図 2-5 の複素平面上に 2 つの複素数 z_1 と z_2 が点として示されています。このとき

$$\arg\left(\frac{z_1}{z_2}\right)$$

がどの角度に対応するのか図示してください。

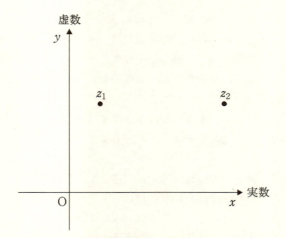

図 2-5 複素数の割り算の偏角とは？

複素数 z を変数とする三角関数のコサインとサイン

$$\cos z = \frac{e^{iz}+e^{-iz}}{2}$$

$$\sin z = \frac{e^{iz}-e^{-iz}}{2i}$$

複素数 $a+ib$ の極形式

$$a+ib = r(\cos\theta + i\sin\theta)$$
$$= re^{i\theta}$$

$a+ib$ の複素共役の極形式

$$a - ib = re^{-i\theta}$$

複素指数関数 z_1 と z_2 の演算

$$e^{z_1}e^{z_2} = e^{z_1+z_2} \qquad (2\text{-}5)$$

$$(e^z)^n = e^{nz} \qquad (2\text{-}7)$$

ド・モアブルの定理

$$(\cos\theta + i\sin\theta)^n = \cos n\theta + i\sin n\theta \qquad (2\text{-}8)$$

複素数どうしのかけ算・割り算の絶対値と偏角

$$\arg(z_1 z_2) = \arg(z_1) + \arg(z_2) \qquad (2\text{-}10)$$

$$|z_1 z_2| = |z_1||z_2| \qquad (2\text{-}11)$$

$$\arg\left(\frac{z_1}{z_2}\right) = \theta_1 - \theta_2 = \arg(z_1) - \arg(z_2) \qquad (2\text{-}12)$$

$$\left|\frac{z_1}{z_2}\right| = \frac{|z_1|}{|z_2|}$$

複素数 $z = r(\cos\theta + i\sin\theta)$ の n 乗根 $z^{\frac{1}{n}}$

$$z^{\frac{1}{n}} = r^{\frac{1}{n}}\left\{\cos\left(\frac{\theta}{n} + \frac{2\pi k}{n}\right) + i\sin\left(\frac{\theta}{n} + \frac{2\pi k}{n}\right)\right\}$$

$$(k = 0, 1, 2, \cdots, n-1)$$

虚数の指数関数の微分

$$\frac{d}{dx}e^{ibx} = ibe^{ibx} \qquad (2\text{-}17)$$

複素指数関数の微分

$$\frac{d}{dx}e^{(a+ib)x} = (a+ib)e^{(a+ib)x} \qquad (2\text{-}18)$$

18世紀を代表する数学者、オイラー

　オイラーの公式を生み出したオイラーは1707年にスイスのバーゼルに生まれました。18世紀を代表する数学者で、ガウスより70年早く生まれました。オイラーも神童で、13歳でバーゼル大学の哲学部に入学し、15歳で卒業しました。その2年後の17歳で修士の学位を得ました。

　バーゼル大学でオイラーは、優れた科学者を生み出し続け

Leonhard Euler

たベルヌーイ一族の知遇を得ました。オイラーの父もベルヌーイ家と親交がありました。オイラーの父は牧師でしたが、かつてバーゼル大学で、ヤコブ・ベルヌーイ（1654～1705）の講義を受けており、かつ、ヤコブ・ベルヌーイの自宅に下宿していました。オイラーはヤコブの弟のヨハン・ベルヌーイ（1667～1748）から数学の指導を受けました。もっとも、講義を受けたわけではなく、数学書をオイラーが自習し、疑問点のみを教えてもらうという形式だったそうです。

　オイラーはまた、ヨハンの息子でオイラーより7歳年上のダニエル・ベルヌーイ（1700～1782）と友人になりました。ダニエルは、流体力学と気体分子運動論の元祖とも呼ぶべき科学者で、さらにフーリエ級数の元祖であるともいえます。

Daniel Bernoulli

ダニエルは、1725年にロシアのアカデミーに職を得ました。2年後の1727年に、ダニエルの助力によりオイラーもロシアのアカデミーに職を得ました。当時、科学者のポストは極めて少数でした。ダニエルはロシアに8年間滞在しましたが、オイラーはロシアの首都であるサンクトペテルブルクに14年間留まりました。18世紀には、パリのアカデミーとプロイセンのアカデミーがたくさんの科学的問題に関する懸賞を出し、オイラーとダニエルはともに多くの賞を獲得しました。オイラーは精力的に仕事に取り組みましたが、1740年ごろまでに片目の視力を失ってしまいました。本人は作図等の過労が原因であると考えていたようです。

　オイラーは、1741年にプロイセンのアカデミーに移り、ベルリンに滞在しました。啓蒙専制君主として有名なプロイセンの王フリードリヒ2世（1712～1786）の招きによるものです。フリードリヒ2世は、1740年に王位を継いだばかりでした。王は、フランス語を日常語とし、ドイツ語が話せませんでしたが、プロイセンのアカデミーの復興や富国強兵につとめました。ポツダムにサンスーシ宮殿を建てたことでも有名です。

　オイラーはベルリンでも数多くの業績をあげました。「オイラーの公式」の発表は1748年でした。しかし、1766年にフリードリヒ大王との関係がまずくなると、25年間滞在したベルリンを離れ、再びサンクトペテルブルクに戻りました。

　オイラーは、ロシアに戻って間もなく白内障と思われる病気によって、もう1つの目の視力も失いました。しかし、持

Friedrich II

ち前の抜群の記憶力と、弟子による口述筆記に助けられて、この第二期のロシア滞在時に 400 もの論文や書籍を刊行しました。

オイラーの数学や物理学における業績は膨大です。身近なところでは、関数を $f(x)$ と書くこと、自然対数の底を e と書くこと、虚数を i と書くこと、円周率を π と書くこと、級数の和を $\sum$ で書くことなどもオイラーが導入しました。本書の記号のかなりがオイラーのおかげであると言えます。

オイラーはまた、数学者として偉大だっただけでなく、教科書や啓蒙書の執筆にも意欲的に取り組みました。論文や著書の出版数は、900 近くにものぼります。もともと、極めて才能に恵まれていたためか、自身の業績のプライオリティ（優先権）にはほとんど関心がなく、同時に他人の業績のプラ

イオリティにも関心がなかったそうです。このため、プライオリティに敏感な他の数学者たちを戸惑わせたこともあったようです。オイラーの没年は、1783年でフランス革命が始まる6年前でした。

第3章

複素関数の微分

■複素変数による複素関数の微分

 変数が複素数である関数を複素関数と呼びます。前章の終わりでは、複素指数関数の実数変数 x による微分を説明しました。本章では、複素変数による複素関数の微分を見ていきましょう。

 まず、複素数 z を変数とする2つの関数 $\phi(z)$ と $\psi(z)$ は実数を与える関数であるとします（ψ：プサイ）。そして、この2つの関数を使って複素関数 $F(z)$ を

$$F(z) = \phi(z) + i\psi(z)$$

で表すことにします。この複素関数 $F(z)$ を複素変数 $z = x + iy$ で微分する場合の微分 $\dfrac{d}{dz}F$ の定義は、

$$\frac{dF}{dz} = \lim_{\Delta z \to 0}\frac{\Delta F}{\Delta z} = \lim_{\Delta z \to 0}\frac{F(z+\Delta z)-F(z)}{\Delta z} \quad (3\text{-}1)$$

です。これは、微小な変化 Δz で、関数の微小な変化 $\Delta F \equiv F(z+\Delta z)-F(z)$ を割ったものです。微分した関数 dF/dz は「$'$」を使って $F'(z)$ で表すこともあります。微分後の関数 $F'(z)$ を $f(z)$ で表すことにすると、

$$F'(z) = f(z)$$

と書けますが、微分後の関数 $f(z)$ に対して、微分前の関数 $F(z)$ を**原始関数**と呼びます。

 （3-1）式の複素変数 z を実数の変数 x に置き換えると、高校数学で習った実数の微分になります。実数の微分では、Δx が正であっても、あるいは負であっても微分の値は

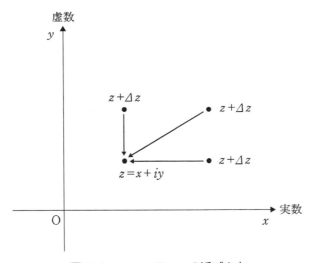

図 3-1 $z+\mathit{\Delta}z$ の z への近づき方

同じである必要がありました。つまり、$\Delta x \to 0$ の際に $x+\Delta x$ が x より大きい値から x に近づいても、あるいは x より小さい値から x に近づいても、微分の値は同じである必要があったわけです。複素関数の微分では、この考え方が複素平面に拡張されます。

複素平面上で、z の近傍に $z+\Delta z$ をとったとすると、$z+\Delta z$ の位置によって $\Delta z \to 0$ の近づき方が異なります（図 3-1）。したがって、一般的には (3-1) 式の値も異なるように思えます。しかし、先ほどの実数の微分の拡張として考えると (3-1) 式の値は、近づく方向によらないことが要求されます。そしてこの要求を満たし、かつ有限の値を

持つ（つまり無限大にならない）関数も存在します。複素関数の微分では、このような「$z+\Delta z$ が z に近づく方向によらずに（3-1）式が同じ値をとるときのみ」微分可能であるとし、それを**正則関数**（または**解析関数**）と呼びます。また、「微分可能であること」を「**正則（解析的）である**」と表現します。

一方、複素平面上のある点 z_0 で微分できない場合は、この点を**特異点**と呼びます。

このように複素関数が正則である（微分可能である）と、(3-1) 式の微分も $\Delta z \to 0$ の近づき方によらないことになります。したがって、y を固定して（よって $\Delta y=0$）x だけを変化させる微分（これを**偏微分**と呼び、微分の記号は d ではなく次式のように ∂ を用います）

$$\frac{dF}{dz} = \lim_{\Delta z \to 0} \frac{\Delta F}{\Delta x + i\Delta y} = \lim_{\Delta x \to 0} \frac{\Delta F}{\Delta x} = \frac{\partial F}{\partial x} = \frac{\partial \phi}{\partial x} + i\frac{\partial \psi}{\partial x}$$
(3-2)

でも（関数の (z) は省略しています）、逆に x は固定して（よって $\Delta x=0$）y だけを変化させる微分

$$\frac{dF}{dz} = \lim_{\Delta z \to 0} \frac{\Delta F}{\Delta x + i\Delta y} = \lim_{\Delta y \to 0} \frac{\Delta F}{i\Delta y} = \frac{\partial F}{i\partial y} = \frac{\partial \phi}{i\partial y} + i\frac{\partial \psi}{i\partial y}$$

$$= -i\frac{\partial \phi}{\partial y} + \frac{\partial \psi}{\partial y}$$
(3-3)

でも、正則関数であれば、同じ値になる必要があります。よって、(3-2) 式と (3-3) 式は等しいので

第3章 複素関数の微分

$$\frac{dF}{dz} = \frac{\partial \phi}{\partial x} + i\frac{\partial \psi}{\partial x} = -i\frac{\partial \phi}{\partial y} + \frac{\partial \psi}{\partial y}$$

が成り立ちます。この左辺と右辺の実部どうしと、虚部どうしは等しいので

$$\frac{\partial \phi}{\partial x} = \frac{\partial \psi}{\partial y} \tag{3-4}$$

$$\frac{\partial \psi}{\partial x} = -\frac{\partial \phi}{\partial y} \tag{3-5}$$

が得られます。この2つの式は**コーシー・リーマンの関係式（方程式）**と呼ばれています。ここでは「複素関数 $F=\phi+i\psi$ が正則（微分可能）であれば (3-4) 式と (3-5) 式が成り立つこと」を示しました。また、本書では割愛しますが、逆に (3-4) 式と (3-5) 式が成り立てば、複素関数 F が正則であることも証明できます。

　正則関数を微分して得られる関数（これを**導関数**と呼びます）は微分可能です（次章のコーシーの積分公式で解説します）。(3-4) 式の両辺を x で微分し、かつ (3-5) 式の両辺を y で微分し、左辺どうしと右辺どうしをそれぞれ足し合わせると

$$\frac{\partial^2 \phi}{\partial x^2} + \frac{\partial^2 \psi}{\partial x \partial y} = \frac{\partial^2 \psi}{\partial x \partial y} - \frac{\partial^2 \phi}{\partial y^2}$$

$$\therefore \frac{\partial^2 \phi}{\partial x^2} + \frac{\partial^2 \phi}{\partial y^2} = 0$$

となります。これを2次元の**ラプラス方程式**と呼びます。同様に (3-4) 式の両辺を y で微分し、かつ (3-5) 式の両辺

を x で微分すると、次式のもう1つのラプラス方程式も導けます。

$$\frac{\partial^2 \phi}{\partial x^2} + \frac{\partial^2 \phi}{\partial y^2} = 0$$

このラプラス方程式を満たす関数（ここでは、ϕ と ψ）を**調和関数**と呼びます。ラプラス方程式は、物理学では電磁気学などで登場し活躍しています。ここで見たように、複素関数 $F=\phi+i\psi$ が正則であれば、ϕ と ψ は調和関数になります。

なお、複素平面のすべての領域で正則な関数を**整関数**と呼びます。ただし、「複素平面のすべての領域」には、「複素数が無限大になるところ」は含まれないので注意しましょう。

■関数 $f(z)$ と $g(z)$ が正則な場合

複素数 z を変数とする2つの関数 $f(z)$ と $g(z)$ が正則な場合には、実数の関数の場合と同じように正則関数どうしを足した関数も正則（微分可能）であり、次の式の関係が成り立ちます。

$$(f(z)+g(z))' = f'(z)+g'(z)$$

また、正則関数どうしをかけた関数や正則関数を正則関数で割った関数も、証明は割愛しますが、正則であり、次式が成り立ちます。

第3章 複素関数の微分

$$(f(z)g(z))' = f'(z)g(z) + f(z)g'(z)$$

$$\left(\frac{f(z)}{g(z)}\right)' = \frac{f'(z)g(z) - f(z)g'(z)}{g(z)^2} \quad (g(z) \neq 0)$$

さらに、2つの正則な関数 $y=f(u)$ と $u=g(z)$ からなる合成関数 $f(g(z))$ の微分公式も、実数の関数の場合と同じように成り立ちます。

$$\frac{d}{dz}f(g(z)) = \frac{d}{du}f(u)\frac{d}{dz}g(z)$$

■ z^n の微分

主な複素関数の微分を見ていきましょう。まず、複素変数 z による2次の項

$$F(z) = z^2$$

の微分（導関数）から見てみましょう。

$$F(z+\Delta z) = (z+\Delta z)^2$$

を（3-1）式の微分の定義式に代入すると

$$\begin{aligned}\frac{d}{dz}F(z) &= \lim_{\Delta z \to 0}\frac{F(z+\Delta z) - F(z)}{\Delta z} \\ &= \lim_{\Delta z \to 0}\frac{(z+\Delta z)^2 - z^2}{\Delta z} \\ &= \lim_{\Delta z \to 0}\frac{(z^2 + 2z\Delta z + (\Delta z)^2) - z^2}{\Delta z}\end{aligned}$$

$$= \lim_{\Delta z \to 0} \frac{2z\Delta z + (\Delta z)^2}{\Delta z}$$

$$= \lim_{\Delta z \to 0} (2z + \Delta z)$$

$$= 2z$$

が得られます。これは実数の変数 x による関数 x^2 の微分と同じ形をしています。

次に、コーシー・リーマンの関係式を満たしているかどうかも確認してみましょう。

$$F(z) = z^2 = (x+iy)^2 = x^2 - y^2 + 2ixy$$

なので、コーシー・リーマンの関係式の左辺と右辺は

$$\frac{\partial}{\partial x}(x^2 - y^2) = 2x, \quad \frac{\partial}{\partial y}(2xy) = 2x$$

となり、(3-4) 式が成り立っていることがわかります。また、次式から (3-5) 式も成り立っていることがわかります。

$$\frac{\partial}{\partial x}(2xy) = 2y, \quad -\frac{\partial}{\partial y}(x^2 - y^2) = 2y$$

このように z^2 は微分可能であり、しかも複素平面上のどこでも微分可能なので整関数です。

同様に計算すると n 次の項 z^n の微分が

$$\frac{d}{dz}z^n = nz^{n-1}$$

であることを証明できます。また、z^n が複素平面上のどこでも微分可能な整関数であることもわかります。

 z^n が整関数であるということは、この和である n 次多項式

$$f(z) = a + bz + cz^2 + dz^3 + \cdots$$

やべき級数も整関数です。

■コーシー・リーマンの関係式を満たさない例

 前節で $F(z) = z^2$ がコーシー・リーマンの関係式を満たすことを見ました。ここでは、コーシー・リーマンの関係式を満たさない場合も見ておきましょう。その一例は

$$\begin{aligned}F(z) &= z|z| \\ &= (x+iy)\sqrt{x^2+y^2} \\ &= x\sqrt{x^2+y^2} + iy\sqrt{x^2+y^2}\end{aligned}$$

です。まず実部を x で偏微分すると

$$\begin{aligned}\frac{\partial}{\partial x}(x\sqrt{x^2+y^2}) &= \sqrt{x^2+y^2} + x\frac{\partial}{\partial x}\sqrt{x^2+y^2} \\ &= \sqrt{x^2+y^2} + x\frac{2x}{2\sqrt{x^2+y^2}} \\ &= \sqrt{x^2+y^2} + \frac{x^2}{\sqrt{x^2+y^2}}\end{aligned}$$

$$= \frac{2x^2+y^2}{\sqrt{x^2+y^2}}$$

となります。同様に虚部を y で偏微分すると

$$\frac{\partial}{\partial y}(y\sqrt{x^2+y^2}) = \frac{x^2+2y^2}{\sqrt{x^2+y^2}}$$

となります。このようにコーシー・リーマンの関係式を満たさないので微分不可であり正則な関数ではありません。

■零点と有理関数

複素関数 $f(z)$ において

$$f(z_0) = 0$$

を満たす点 z_0 を零点(れいてん)と呼びます。零点はこの式を満たす解なので、複素関数 $f(z)$ を因数 $(z-z_0)$ とそれ以外の関数 $g(z)$ に因数分解できます。

$$f(z) = (z-z_0)g(z)$$

複素変数 z からなる2つの多項式(それぞれの次数は n と m とします)

$$p(z) = c_0+c_1z+c_2z^2+c_3z^3+\cdots+c_nz^n$$
$$q(z) = c'_0+c'_1z+c'_2z^2+c'_3z^3+\cdots+c'_mz^m$$

がある場合に、その比をとった

$$f(z) = \frac{p(z)}{q(z)}$$

を**有理関数**と呼びます。ただし、両者に共通する零点が存在する場合には、その因数 ($z-z_0$) は消去されているとします。分母の $q(z)=0$ を満たす零点は特異点ですが、それ以外では有理関数は正則です。

■複素指数関数の微分

次に、複素指数関数 e^z の複素変数 z による微分を見てみましょう。まず、コーシー・リーマンの関係式を満たすかどうか確認するために、$z=x+iy$ と置いて実部と虚部を x と y で偏微分してみましょう。

$e^z = e^{x+iy} = e^x(\cos y + i\sin y) = e^x\cos y + ie^x\sin y$

なので、実部の x による微分は

$$\frac{\partial}{\partial x}e^x\cos y = e^x\cos y$$

であり、虚部の y による微分は

$$\frac{\partial}{\partial y}e^x\sin y = e^x\cos y$$

となり、両者が等しいことからコーシー・リーマンの関係式 (3-4) を満たすことがわかります。また、同様に (3-5) 式も満たします。よって、複素指数関数 e^z は微分可能な

正則な関数なので、複素変数 z による微分は (3-2) 式のように、実数の変数 x による偏微分と等しいことになります。よって、x による偏微分を求めればよいので

$$\frac{d}{dz}e^z = \frac{\partial}{\partial x}e^z = \frac{\partial}{\partial x}e^{x+iy}$$

$$= e^{iy}\frac{\partial}{\partial x}e^x + e^x\frac{\partial}{\partial x}e^{iy}$$

$$= e^{iy}\frac{\partial}{\partial x}e^x \quad \left(\because \frac{\partial}{\partial x}e^{iy}=0\right)$$

$$= e^x e^{iy}$$

$$= e^z$$

となり (記号 $\because$ は「なぜならば」を表します)、まとめると

$$\frac{d}{dz}e^z = e^z$$

が得られました。

■双曲線関数の微分

高校数学では習わないのですが、大学の数学で登場する重要な関数の1つに**双曲線関数**があります。その双曲線関数の微分を見てみましょう。とは言っても、まず双曲線関数がどのような関数であるかから見ていきましょう。複素変数 z の双曲線関数として、$\cosh z$ (ハイパボリックコサイン) と $\sinh z$ (ハイパボリックサイン) があります。日本

語では前者を**双曲線余弦関数**と呼び、後者を**双曲線正弦関数**と呼びます。これらは次式のように定義されています。

$$\cosh z = \frac{e^z + e^{-z}}{2} \tag{3-6}$$

$$\sinh z = \frac{e^z - e^{-z}}{2} \tag{3-7}$$

つまり、複素指数関数 e^z と e^{-z} の足し算を2で割ったものがハイパボリックコサインで、e^z から e^{-z} を引いて2で割ったものがハイパボリックサインです。

このそれぞれを2乗してみると

$$\cosh^2 z = \frac{e^{2z} + 2e^z e^{-z} + e^{-2z}}{4} = \frac{e^{2z} + 2 + e^{-2z}}{4}$$

$$\sinh^2 z = \frac{e^{2z} - 2e^z e^{-z} + e^{-2z}}{4} = \frac{e^{2z} - 2 + e^{-2z}}{4}$$

となるので $\cosh^2 z$ から $\sinh^2 z$ を引くと

$$\cosh^2 z - \sinh^2 z = 1$$

の関係があることがわかります。前章で見たように三角関数には $\cos^2 z + \sin^2 z = 1$ という関係がありますが、この式はそれの双曲線関数バージョンとでも言えます。また、(3-6) 式と (3-7) 式から

$$e^z = \cosh z + \sinh z$$
$$e^{-z} = \cosh z - \sinh z$$

の関係があることもわかります。

微分については、(3-6) 式と (3-7) 式の右辺をそれぞれ微分すればよいので、前節の複素指数関数の微分を使って

$$\frac{d}{dz}\cosh z = \frac{d}{dz}\left(\frac{e^z+e^{-z}}{2}\right) = \frac{e^z-e^{-z}}{2} = \sinh z$$

$$\frac{d}{dz}\sinh z = \frac{d}{dz}\left(\frac{e^z-e^{-z}}{2}\right) = \frac{e^z+e^{-z}}{2} = \cosh z$$

が得られます。

■複素対数関数の微分

次に複素数の対数関数を見てみましょう。複素対数関数は、w を複素変数とするとき、複素指数関数

$$z = e^w \tag{3-8}$$

の逆の関数です。数式では

$$w = \log z \tag{3-9}$$

で表します。前章で見たように複素指数関数 e^w はゼロにはならないので ($e^w \neq 0$)、(3-9) 式の対数関数では $z \neq 0$ です。

また、複素指数関数は第 2 章で見たように周期 $2\pi i$ の周期関数なので

$$e^w = e^{w+i2\pi n} \quad (n=0, \pm 1, \cdots) \tag{3-10}$$

が成り立ちます。したがって (3-9) 式を満たす左辺の w は $2\pi i$ 異なるものが無限にあることになります。この $\log z$ も値が 1 つに定まらない多価関数です。また、n 乗根

のときと同様に、$w+i2\pi n$ の n が異なるものを分枝と呼びます。

(3-8) 式の複素指数関数を極形式で $z=re^{i\theta}$ と置くとき、対数関数がどのように表されるのか考えてみましょう。なお、$w=u+iv$ (u と v は実数)と置くことにします。すると、

(3-8) 式の左辺

$$z = re^{i\theta}$$

と (3-8) 式の右辺

$$e^w = e^{u+iv} = e^u e^{iv} \qquad (3\text{-}11)$$

が等しいことから

$$r = e^u \quad と \quad e^{i\theta} = e^{i(v+2\pi n)} \quad (n=0, \pm 1, \cdots)$$

が得られます。$r=e^u$ は(実数の)対数関数を使って

$$u = \log r \qquad (3\text{-}12)$$

と表されます。また、先ほど見た複素指数関数の周期性から

$$\theta = v + 2\pi n \quad (n=0, \pm 1, \cdots)$$

なので

$$\begin{aligned}w &= u + iv \\ &= u + i(\theta - 2\pi n) \quad (n=0, \mp 1, \cdots)\end{aligned}$$

が得られます。よって、これに (3-12) 式を代入して

$$(\log z =) w = \log r + i(\theta + 2\pi n) \quad (n = 0, \pm 1, \cdots)$$

が得られます。このうち主値は $n=0$ の

$$\log z = \log r + i\theta \tag{3-13}$$

です。

この複素対数関数の微分について考えてみましょう。まず、(3-13) 式の右辺を $z = x + iy$ と置いて書き換えます。r は絶対値で θ は偏角なので、第1章で見たようにそれぞれを x と y を使って表すと

$$r = |z| = (x^2 + y^2)^{\frac{1}{2}}$$

$$\theta = \tan^{-1} \frac{y}{x}$$

となります。よって、(3-13) 式の右辺は

$$\log r + i\theta = \log (x^2 + y^2)^{\frac{1}{2}} + i \tan^{-1} \frac{y}{x}$$

となります。コーシー・リーマンの関係式を満たすかどうか確認するために実部と虚部を x と y で偏微分してみましょう（インバースタンジェントの微分については、巻末の付録をご覧ください）。

$$\frac{\partial}{\partial x} \log (x^2 + y^2)^{\frac{1}{2}} = \frac{1}{(x^2 + y^2)^{\frac{1}{2}}} \frac{\partial}{\partial x} (x^2 + y^2)^{\frac{1}{2}}$$

第 3 章　複素関数の微分

$$= \frac{1}{(x^2+y^2)^{\frac{1}{2}}} \frac{1}{2} 2x(x^2+y^2)^{-\frac{1}{2}}$$

$$= \frac{x}{x^2+y^2} \qquad (3\text{-}14)$$

$$\frac{\partial}{\partial y} \tan^{-1} \frac{y}{x} = \frac{1}{1+\left(\dfrac{y}{x}\right)^2} \frac{\partial}{\partial y}\left(\frac{y}{x}\right)$$

$$= \frac{1}{1+\left(\dfrac{y}{x}\right)^2} \frac{1}{x}$$

$$= \frac{x}{x^2+y^2}$$

両者が等しいことから、コーシー・リーマンの関係式 (3-4) を満たします。また同様に (3-5) 式も満たします。よって、複素対数関数は正則な関数であることがわかるので、「複素変数 z による微分」を求めるには、「実数の変数 x による微分」を求めればよいということになります。

(3-13) 式の右辺の虚部を x で微分すると

$$\frac{\partial}{\partial x}\theta = \frac{\partial}{\partial x} \tan^{-1} \frac{y}{x} = \frac{1}{1+\left(\dfrac{y}{x}\right)^2} \frac{\partial}{\partial x}\left(\frac{y}{x}\right)$$

$$= -\frac{1}{1+\left(\dfrac{y}{x}\right)^2} \frac{y}{x^2}$$

$$= -\frac{y}{x^2+y^2} \qquad (3\text{-}15)$$

となることから、(3-13) 式の右辺の x による偏微分は

(3-14) 式と (3-15) 式から

$$\frac{\partial}{\partial x}(\log r + i\theta) = \frac{x}{x^2+y^2} - \frac{iy}{x^2+y^2} = \frac{x-iy}{x^2+y^2}$$

$$= \frac{x-iy}{(x+iy)(x-iy)} = \frac{1}{x+iy}$$

$$= \frac{1}{z}$$

となります。よって、

$$\frac{d}{dz}\log z = \frac{1}{z}$$

が得られました。

さてこれで複素関数の微分の知識を身に付けました。次章では、いよいよ積分に取り組みましょう。

◆付属問題３

極形式でのコーシー・リーマンの関係式は次式で表されますが、この２式を導いてください。

$$\frac{\partial \phi}{\partial r}r = \frac{\partial \psi}{\partial \theta}, \quad \frac{\partial \psi}{\partial r}r = -\frac{\partial \phi}{\partial \theta}$$

複素関数 $F(z) = \phi + i\psi$ の複素変数 z による微分

$$\frac{dF}{dz} = \lim_{\Delta z \to 0} \frac{\Delta F}{\Delta z} = \lim_{\Delta z \to 0} \frac{F(z+\Delta z) - F(z)}{\Delta z} \quad (3\text{-}1)$$

複素変数 z による微分と実数の変数 x または y による偏微分は等しい

$$\frac{dF}{dz} = \lim_{\Delta z \to 0} \frac{\Delta F}{\Delta x + i\Delta y} = \lim_{\Delta x \to 0} \frac{\Delta F}{\Delta x} = \frac{\partial F}{\partial x} = \frac{\partial \phi}{\partial x} + i\frac{\partial \psi}{\partial x}$$

$$(3\text{-}2)$$

コーシー・リーマンの関係式

$$\frac{\partial \phi}{\partial x} = \frac{\partial \psi}{\partial y} \quad (3\text{-}4)$$

$$\frac{\partial \psi}{\partial x} = -\frac{\partial \phi}{\partial y} \quad (3\text{-}5)$$

2次元のラプラス方程式

$$\frac{\partial^2 \phi}{\partial x^2} + \frac{\partial^2 \phi}{\partial y^2} = 0$$

$$\frac{\partial^2 \psi}{\partial x^2} + \frac{\partial^2 \psi}{\partial y^2} = 0$$

なお、ラプラス方程式を満たす関数（ここでは ϕ と ψ）を**調和関数**と呼ぶ。

関数 $f(z)$ と $g(z)$ が正則（微分可能）な場合

$$(f(z)+g(z))' = f'(z) + g'(z)$$

$$(f(z)g(z))' = f'(z)g(z) + f(z)g'(z)$$

$$\left(\frac{f(z)}{g(z)}\right)' = \frac{f'(z)g(z)-f(z)g'(z)}{g(z)^2}$$

複素平面のすべての領域で正則な関数を**整関数**と呼ぶ。

正則な関数 $y=f(u)$ と $u=g(z)$ からなる合成関数 $f(g(z))$ の微分公式

$$\frac{d}{dz}f(g(z)) = \frac{d}{du}f(u)\frac{d}{dz}g(z)$$

n 次の項 z^n の微分

$$\frac{d}{dz}z^n = nz^{n-1}$$

z^n は整関数なのでその和の n 次多項式(次式)も整関数

$$f(z) = a+bz+cz^2+dz^3+\cdots$$

零点:複素関数 $f(z)$ において $f(z_0)=0$ を満たす点 z_0

零点では、複素関数 $f(z)$ を因数 $(z-z_0)$ とそれ以外の関数 $g(z)$ に因数分解できる。

$$f(z) = (z-z_0)g(z)$$

有理関数

複素変数 z からなる2つの多項式(それぞれの次数は n と m)

$$p(z) = c_0 + c_1 z + c_2 z^2 + c_3 z^3 + \cdots + c_n z^n$$
$$q(z) = c'_0 + c'_1 z + c'_2 z^2 + c'_3 z^3 + \cdots + c'_m z^m$$

がある場合に、その比をとった

$$f(z) = \frac{p(z)}{q(z)}$$

を**有理関数**と呼ぶ。ただし、両者に共通する零点がある場合は、その因数 ($z-z_0$) は消去しておく。

複素指数関数の微分

$$\frac{d}{dz} e^z = e^z$$

複素双曲線余弦関数と微分

$$\cosh z = \frac{e^z + e^{-z}}{2} \tag{3-6}$$

$$\frac{d}{dz} \cosh z = \sinh z$$

複素双曲線正弦関数と微分

$$\sinh z = \frac{e^z - e^{-z}}{2} \tag{3-7}$$

$$\frac{d}{dz} \sinh z = \cosh z$$

複素対数関数

$$\log z = \log r + i(\theta + 2\pi n) \quad (n=0, \pm 1, \cdots)$$

複素対数関数の微分

$$\frac{d}{dz} \log z = \frac{1}{z}$$

イプシロン・エヌ論法

　高校で学ぶ数学と大学で学ぶ数学の大きな違いの1つは（1-19）式で見た収束の表現に現れます。n が無限大になると数列 z_n が a に収束することを（1-19）式では

$$\lim_{n \to \infty} z_n = a \tag{1-19}$$

という数式で表しています。これを大学の数学で学ぶイプシロン・エヌ（ε-N）論法では

　どんなに小さな正の数 ε に対しても、対応する十分大きな自然数 N を選べば、$n > N$ であるすべての自然数 n で

$$|z_n - a| < \varepsilon$$

　が成り立つ

と表現します。1回読むだけでは意味が理解しづらいので、初めてイプシロン・エヌ論法に接した方は、何回か読み直さないと頭に入らないかもしれません。この文は、「ε をどんど

ん小さくしても、n をある N より大きくすればこの不等式を満たし、z_n と a の（複素平面上の）距離を小さくできる」ということを表しています。まわりくどい表現のように聞こえますが、よく考えると（1-19）式と同じ意味であることがわかります。

この文を数学的に表すには、「任意の」という意味を表す記号 ∀（英語では all とか any の意味でアルファベットの A を倒置した記号）と「ある（存在する）」という意味を表す記号 ∃（英語で exist の意味でアルファベットの E を倒置した記号）を使います。そして

$$\forall \varepsilon > 0, \exists N : n > N \Rightarrow |z_n - a| < \varepsilon$$

と表します。何かの暗号のように見えると思いますが、「任意（∀）の正の数 ε に対して、ある適切（∃）な数 N が存在し、$n > N$ である n では不等式 $|z_n - a| < \varepsilon$ を満たす」と読みます。最初はパズルか暗号のように見えるかもしれませんが、慣れるにしたがって意味が読み取れるようになってきます。

このイプシロン・エヌ論法（関数の収束の場合はイプシロン・デルタ論法と呼びます）の必要性については、厳密な数学を学ぶという観点からは不可欠であるという考え方と、数学を計算上の手段として使う立場では必ずしも必要ではないという考え方があります。近年の大学の理系教育でも、イプシロン・エヌ論法をどの程度カリキュラムに取り入れるかは、大学や学科によって違いがあるようです。したがって、イプシロン・エヌ論法をまったく学ばなかったという理系大

学の卒業生もかなりいることでしょう。本書においては、やさしく滑らかな複素関数論への入門を促すという観点から、イプシロン・エヌ論法を使わないで高校までの極限の表現を使っています。本書を一読した後で厳密性の高い複素関数論を学んでみたいと思われる方は専門書をのぞいてみてください。

なお、数列の発散を表す

$$\lim_{n\to\infty} z_n = \infty$$

をイプシロン・エヌ論法で表すと

$$\forall k > 0, \exists N : n > N \Rightarrow z_n > k$$

となります。「任意（∀）の正の数 k に対して、ある適切（∃）な数 N が存在し、$n>N$ である n では不等式 $z_n>k$ を満たす」と読みます。

第4章

複素関数の積分

■複素関数の積分

前章で複素関数の微分を身に付けました。本章では、微分と表裏一体の関係にある複素関数の積分(すなわち複素積分)を見ていきましょう。

まず、被積分関数 $f(z)$ は複素関数ですが、積分変数 z が実数の値のみをとる場合を考えましょう。この積分の数式は

$$\int_g^h f(z)dz$$

で表され、ここで g から h までが積分範囲です。積分変数 z が実数の値のみをとる場合は、この g と h は実数なので、この積分範囲は図4-1の複素平面上では実軸上にあります(この g から h までを**積分経路**や**積分路**と呼びます)。複素変数を $z=x+iy$ とすると、実軸上では常に $y=0$ なので、先ほどの積分は

$$\int_g^h f(z)dz = \int_g^h f(x+iy)dz = \int_g^h f(x)dx$$

となります。つまり、今まで慣れ親しんできた右辺の実数の積分は複素平面上では実軸の上だけに存在したことになります。

次に、複素関数を複素変数 z で積分する場合を考えてみましょう。変数 z は複素数なので積分経路は実軸の上には限定されないことになります。図4-1は、点Pから点Qへの曲線 C に沿った積分経路を考えます。このとき、点Pから点Qまでの「複素関数 $f(z)$ と Δz の積である $f(z)\Delta z$」の和を、「和を表す記号 $\sum$」を使って書くと次式

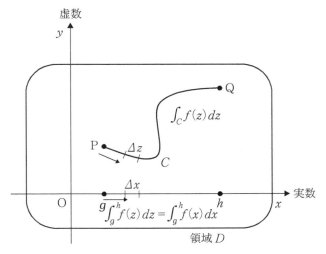

図 4-1　複素関数の積分路

になります。

$$\sum_C f(z)\Delta z \qquad (4\text{-}1)$$

また、Δz は x 方向の成分 Δx と y 方向の成分 Δy で書くと

$$\Delta z = \Delta x + i\Delta y$$

です。

　この (4-1) 式で Δz を無限に小さくとった場合には Δz は dz に変わり、曲線 C に沿った点 P から点 Q までの複素積分に対応します。数式としては

$$\int_C f(z)dz \quad \text{または} \quad \int_P^Q f(z)dz \qquad (4\text{-}2)$$

で表します。

複素関数 $f(z)$ の実部と虚部を次式のように実数を与える関数 $g(z)$ と $h(z)$ で表すことにすると（実数を与える関数を実関数または実数値関数と呼びます）、

$$f(z) = g(z) + ih(z)$$

(4-1) 式は、この式を代入して

$$\sum_C f(z)\Delta z = \sum_C \{g(z) + ih(z)\}\Delta z$$

$$= \sum_C \{g(z) + ih(z)\}(\Delta x + i\Delta y)$$

となります。ここで Δz を無限に小さくとった場合には Δx と Δy も無限小になり、これが (4-2) 式の積分に等しいので

$$\int_C f(z)dz = \int_C \{g(z) + ih(z)\}(dx + idy)$$

$$= \int_C \{g(z)dx - h(z)dy\}$$

$$+ i\int_C \{g(z)dy + h(z)dx\} \qquad (4\text{-}3)$$

が成り立ちます。この式が複素関数の積分を定義する式です。左辺の複素変数 z による複素関数 $f(z)$ の積分は、右辺の 2～3 行目のように、実数の変数 x と y による実関数 $g(z)$ と $h(z)$ の積分によって表されます。

なお、曲線 C を逆方向に点 Q から点 P までたどる積分経路を $-C$ で表すことにすると、実数の積分と同じように、この逆にたどる積分の値は (4-2) 式の積分と符号が逆になり次式が成り立ちます。

$$\int_C f(z)dz = -\int_{-C} f(z)dz \qquad (4\text{-}4)$$

また、積分経路 C 上の点 z が、別の実数の変数 t の関数として

$$z(t) \quad (ただし、a \leqq t \leqq b)$$

と表されるときには、実関数の場合の置換積分の公式と同じように

$$\int_C f(z)dz = \int_a^b f(z)\frac{dz}{dt}dt$$

の関係が成り立ちます。

■複素積分の絶対値の大きさの評価に使える不等式

複素積分の計算では、複素積分の絶対値の大きさを評価する必要がしばしば生じます。その際に役立つ不等式を見ておきましょう。(4-1) 式の関係に戻って絶対値をとると、(1-4) 式の一般化した三角不等式を使って

$$\left|\sum_C f(z)\Delta z\right| \leq \sum_C |f(z)\Delta z|$$

となり、さらに (2-11) 式の関係を使うと

$$|f(z)\Delta z| = |f(z)||\Delta z|$$

なので

$$\left|\sum_C f(z)\Delta z\right| \leq \sum_C |f(z)||\Delta z|$$

の関係が得られます。これを積分の形に書き直すと

$$\left|\int_C f(z)dz\right| \leq \int_C |f(z)||dz| \tag{4-5}$$

となります。この式は次章の積分の計算で役に立ちます。

積分経路の長さを L とすると、

$$L = \int_C |dz|$$

の関係があるので、$f(z)$ の絶対値 $|f(z)|$ の曲線 C 上での最大値が M であるときには、(4-5) 式の右辺では

$$\int_C |f(z)||dz| \leq \int_C M|dz| = M\int_C |dz| = ML$$

の関係が成り立ちます。よって、

$$\left|\int_C f(z)dz\right| \leq ML$$

の関係が得られます。これは **ML 不等式**と呼ばれます。

■コーシーの積分定理

図 4-2 には、閉曲線 C が描かれていますが、閉曲線と

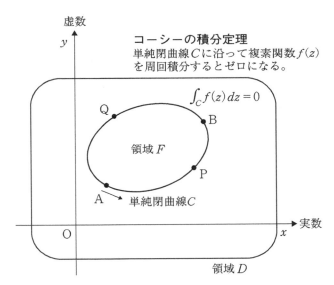

図 4-2　領域 D 内にある単純閉曲線 C 上で1周分積分する

は図のように「途切れない閉じた曲線」です。大学1年か2年の複素関数論に登場する積分経路は、主にこの閉曲線をぐるっと1周回るもので、これを**周回積分**と呼びます。なお、数字の8も、図形として見ると閉曲線ですが、真ん中で線が交差しています。図4-2のような交差しない閉曲線を単純閉曲線（または単一閉曲線）と呼びます。

図4-2には、閉曲線 C の外側に、線で囲った領域 D が記されていますが、この領域 D の内側では複素関数 $f(z)$ は正則である（すなわち微分可能である）とします。なお、領域を表す記号には一般に D がよく使われます。ここで

は、閉曲線 C の内側もすべて領域 D の点であり正則です。

このとき領域 D 内で正則な複素関数 $f(z)$ を単純閉曲線に沿って、周回積分すると、その積分の値がゼロになるという、おもしろくて重要な関係があります。式で書くと

$$\int_C f(z)dz = 0 \qquad (4\text{-}6)$$

です。この (4-6) 式は複素関数の積分において最も重要な定理を表していて、これを**コーシーの積分定理**と呼びます。このとき積分経路は、閉曲線の内側を左に見る方向（この図では反時計回り）にたどります。なお、周回積分では、積分記号としてインテグラルの記号に○をつけた $\oint$ を使う場合もあります。その場合は (4-6) 式は次式のように表します。

$$\oint_C f(z)dz = 0$$

■**コーシーの積分定理の証明**

次に、このコーシーの積分定理を証明してみましょう。図 4-3 で、閉曲線 C に囲まれた領域を F とします。また、x と y を変数とする 2 つの実関数を $v(x,y)$ と $w(x,y)$ とします。ここで図 4-3 を複素平面として眺めずに、単純な xy 平面として眺めると、次式の**グリーンの定理**が成り立ちます（次式の関数の表記では (x,y) を省いています）。

$$\int_C (vdx + wdy) = \iint_F \left(\frac{\partial w}{\partial x} - \frac{\partial v}{\partial y}\right)dxdy \qquad (4\text{-}7)$$

第 4 章 複素関数の積分

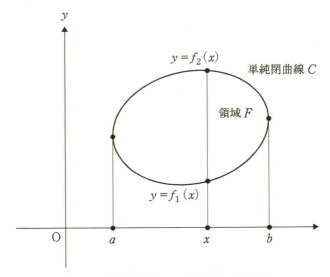

図 4-3 複素平面を xy 平面として眺める

これは左辺の閉曲線 C を経路とする積分が、右辺の領域 F 内の面積分と等しいことを表しています。まず、このグリーンの定理を証明しましょう。

図 4-3 のように、閉曲線 C の x 座標の最小値を a とし、最大値を b とします。また、閉曲線の上辺を x 座標の関数 $f_2(x)$ で表し、下辺を関数 $f_1(x)$ で表すことにします。

(4-7) 式のグリーンの定理の右辺の積分のうち、カッコ内の 2 つ目の項の積分をまず計算してみましょう。これを図 4-3 の上辺と下辺の関数で表すと次式の右辺のように

105

$$-\iint_F \frac{\partial v}{\partial y}dxdy = -\int_a^b \left(\int_{f_1(x)}^{f_2(x)} \frac{\partial v}{\partial y}dy\right)dx$$

となります。この式の右辺の内側の積分（カッコ内）では、図4-3にも示したように、あるx座標でのy方向の積分範囲は$f_1(x)$から$f_2(x)$までです。そして右辺の外側の積分の積分範囲が表しているように、このx座標の積分範囲はaからbまでです。この式の右辺の内側の積分を計算すると次式のようになり、さらに計算すると

$$= -\int_a^b \left[v\right]_{f_1(x)}^{f_2(x)}dx$$

$$= -\int_a^b \{v(x,f_2(x))-v(x,f_1(x))\}dx$$

$$= -\int_a^b v(x,f_2(x))dx + \int_a^b v(x,f_1(x))dx$$

$$= \int_a^b v(x,f_1(x))dx + \int_b^a v(x,f_2(x))dx$$

となります。最後の行の第1項の積分は、閉曲線Cの下辺に沿ってx座標をaからbまでたどる積分であり、第2項の積分は閉曲線Cの上辺に沿ってx座標をbからaまでたどる積分なので、これは閉曲線Cに沿って1周回る周回積分になります。よって

$$-\iint_F \frac{\partial v}{\partial y}dxdy = \int_C v\,dx$$

となります。(4-7)式のグリーンの定理の右辺の積分のう

ち、カッコ内の1つ目の項の積分も同様に計算すると

$$\iint_F \frac{\partial w}{\partial x} dxdy = \int_C w\, dy$$

が得られます。そして、この2つの式を足し合わせると

$$\int_C (vdx + wdy) = \iint_F \left(\frac{\partial w}{\partial x} - \frac{\partial v}{\partial y} \right) dxdy$$

が得られます。これでグリーンの定理が証明できました。

次に、本題のコーシーの積分定理の証明に移りましょう。閉曲線 C の上と、その内側の領域 F で正則な関数 $f(z)$ を実関数 $g(x,y)$ と $h(x,y)$ を使って

$$f(z) = g(x,y) + ih(x,y)$$

で表すことにします。この関数 $g(x,y)$ と $h(x,y)$ に先ほどのグリーンの定理を使うと、$v(x,y) \equiv g(x,y)$ で $w(x,y) \equiv -h(x,y)$ とする場合には

$$\int_C (gdx - hdy) = \iint_F \left(-\frac{\partial h}{\partial x} - \frac{\partial g}{\partial y} \right) dxdy \quad (4\text{-}8)$$

が成り立ちます。一方これとは違って、$v(x,y) \equiv h(x,y)$ で $w(x,y) \equiv g(x,y)$ とする場合には

$$\int_C (hdx + gdy) = \iint_F \left(\frac{\partial g}{\partial x} - \frac{\partial h}{\partial y} \right) dxdy \quad (4\text{-}9)$$

が成り立ちます。ここで関数 $f(z)$ が正則であればコーシ

ー・リーマンの関係式が成り立つので

$$-\frac{\partial h}{\partial x}-\frac{\partial g}{\partial y}=0$$

と

$$\frac{\partial g}{\partial x}-\frac{\partial h}{\partial y}=0$$

が成り立ちます。よって、(4-8) 式の右辺はゼロとなり

$$\int_C (gdx-hdy)=0$$

が成り立ちます。また、(4-9) 式の右辺もゼロとなり

$$\int_C (hdx+gdy)=0$$

が得られます。この2つの式を複素積分を表す (4-3) 式に代入すると

$$\int_C f(z)dz=\int_C (gdx-hdy)+i\int_C (gdy+hdx)=0$$

となり、ゼロになることがわかります。よって、コーシーの積分定理は証明できました。

コーシーの積分定理では、関数 $f(z)$ が閉曲線 C の上とその内部で正則であり、導関数 $f'(z)$ が連続であるという条件が付きます。しかし、導関数 $f'(z)$ が連続であるという条件がなくても (4-6) 式が成り立つことをグルサ (1858〜1936) が 1900 年に証明しました。この定理は、**コーシー・グルサの積分定理**と呼ばれています。

■積分の値は経路によらない

このコーシーの積分定理を使うと、複素積分についていくつかのおもしろい関係が導けます。

まず、複素積分では、図4-2の複素平面上の点Aから点Bへの積分が、領域 D 内での経路によらないことが証明できます。領域 D で正則な関数 $f(z)$ について、単純閉曲線 C に沿って A→P→B→Q→A とたどる周回積分を考えると、コーシーの積分定理から (4-2) 式はゼロになります。この積分を A→P→B の経路の積分 $\int_{APB} f(z)dz$ と B→Q→A の経路の積分 $\int_{BQA} f(z)dz$ に分けます。すると

$$0 = \int_C f(z)dz = \int_{APB} f(z)dz + \int_{BQA} f(z)dz$$

の関係が成り立ちます。よって

$$\int_{APB} f(z)dz = -\int_{BQA} f(z)dz$$

が成り立ちます。積分経路が逆になると (4-4) 式より符号が反転するので

$$\int_{APB} f(z)dz = \int_{AQB} f(z)dz$$

が得られます。これで、点Aから点Bへの経路での積分が、領域 D 内での経路によらないことが証明できました。図4-2では、点Aと点Bを通り、かつ領域 D 内にある閉曲線は様々な形を書けるので、この図以外の様々な積分経路がありえます。

複素関数でも実関数と同じように、不定積分を考えることができます。正則な複素関数 $f(z)$ の不定積分 $F(z)$ は次式で表されます。

$$F(z) = \int_a^z f(s)ds$$

また、

$$\int_A^B f(z)dz = F(B) - F(A)$$

の関係があります。積分の値は、この右辺のように、積分の始点である点 A の不定積分と終点である点 B の不定積分だけで決まり、経路には依存しません。これは先ほど見た「正則な関数 $f(z)$ の積分は経路によらない」という関係に対応しています。

■多重連結領域での積分

1つの閉曲線に囲まれた領域を**単連結領域**と呼び、複数の閉曲線に囲まれた領域を**多重連結領域**と呼びます。多重連結領域の1つとして、図4-4の場合を見てみましょう。このように2つの閉曲線で領域が分けられている場合は**二重連結**と呼びます。ここでは閉曲線 C_1 と C_2 に挟まれたドーナツ状の領域で関数 $f(z)$ が正則であるとします。

図4-4は、外側の大きな A→B→C→A の経路をたどる閉曲線 C_1 と、D→E→F→D の経路をたどる内側の小さな閉曲線 C_2 が描かれています。このとき点 A からスタートして、A→B→C→A→D→E→F→D→A とたどる長い経路の閉曲線上の積分について考えることにしましょう。ここ

第4章 複素関数の積分

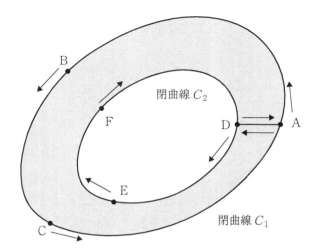

図 4-4　閉曲線の内側に閉曲線がある二重連結の場合

で、A→D の経路と D→A の経路は図では1本の線で表していますが、実際は、限りなく無限小だけ上下に離れた2本の線に分かれているとします。

この長い経路の閉曲線の内側は正則なので、コーシーの積分定理により積分の値はゼロになります。したがって、この長い経路の閉曲線上の積分は

$$0 = \int_{C_1} f(z)dz + \int_{AD} f(z)dz + \int_{DA} f(z)dz - \int_{C_2} f(z)dz$$

(4-10)

となります。右辺の第4項の $\int_{C_2} f(z)dz$ の前にマイナスがついているのは、図 4-4 では閉曲線 C_2 を矢印の向きに時計回りに積分するので符号が逆になるからです。また、

111

A→D の経路と D→A の経路は、無限小に近接していて積分の向きは逆なので

$$\int_{AD} f(z)dz = -\int_{DA} f(z)dz$$

の関係が成り立ちます。よって、(4-10) 式にこれを代入すると

$$\int_{C_1} f(z)dz = \int_{C_2} f(z)dz \qquad (4\text{-}11)$$

が得られます。よって「外側の閉曲線 C_1 に沿った周回積分と、内側の閉曲線 C_2 に沿った周回積分が等しい」というおもしろい関係が成り立ちます。

■閉曲線の内側に閉曲線が２つある場合

次に図 4-5 のように、閉曲線の内側に閉曲線が２つある場合を考えてみましょう。ここでは３つの閉曲線 C_1, C_2, C_3 で囲まれた領域では関数 $f(z)$ は正則であるとします。このように３つの閉曲線で領域が分けられている場合は**三重連結**と呼びます。

この場合も先ほどと同様に、点 A からスタートして、A→B→C→A→D→E→F→G→H→F→E→I→D→A とたどる長い経路の閉曲線上の積分について考えます。この長い経路の閉曲線上の積分はコーシーの積分定理により

$$0 = \int_{C_1} f(z)dz + \int_{AD} f(z)dz + \int_{DA} f(z)dz - \int_{C_2} f(z)dz$$
$$+ \int_{EF} f(z)dz + \int_{FE} f(z)dz - \int_{C_3} f(z)dz$$

第4章 複素関数の積分

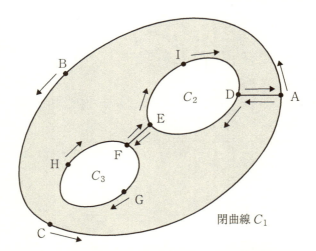

図4-5 閉曲線の内側に閉曲線が2つある三重連結の場合

となります。

右辺の $\int_{C_2} f(z)dz$ と $\int_{C_3} f(z)dz$ の前にマイナスがついているのは、先ほどと同じく、図4-5では閉曲線 C_2 と閉曲線 C_3 を矢印の向きに時計回りに積分するので符号が逆になるからです。

また、先ほどと同じく A→D の経路の積分と D→A の経路の積分は、無限小に近接していて積分の向きは逆なので相殺されてゼロになります。また、同様に E→F の経路の積分と F→E の経路の積分も相殺されてゼロになります。よって、前式は

$$0 = \int_{C_1} f(z)dz - \int_{C_2} f(z)dz - \int_{C_3} f(z)dz$$

になり、

$$\int_{C_1} f(z)dz = \int_{C_2} f(z)dz + \int_{C_3} f(z)dz$$

が得られます。

同様に考えると、閉曲線の内側に n 個の複数の閉曲線がある場合にも

$$\int_{C_1} f(z)dz = \int_{C_2} f(z)dz + \int_{C_3} f(z)dz + \cdots + \int_{C_n} f(z)dz \quad (4\text{-}12)$$

の関係が成り立つことがわかります。

■コーシーの積分公式

コーシーの積分定理を理解しましたが、複素関数論では他にもコーシーの名が付く重要な関係があります。それがこれから見ていくコーシーの積分公式です。

コーシーの積分公式は、領域 D の中の正則な関数 $f(z)$ について成り立ちます。領域 D の中に単純閉曲線 C があって、図4-6のように、点 $z=a$ が C の内部にあるとします。このとき次式の

$$f(a) = \frac{1}{2\pi i} \int_C \frac{f(z)}{z-a} dz \quad (4\text{-}13)$$

の関係が成り立ちます。これを**コーシーの積分公式**と呼びます。一見すると、積分の外の分母に $2\pi i$ があり、また積分の中の分母に $z-a$ があり、不思議な形に見えるかもしれません。被積分関数は $f(z)$ のみではなく、どうしてこ

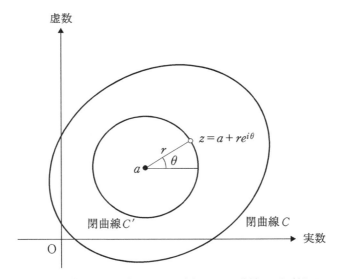

図 4-6　点 $z=a$ を中心とする半径 r の閉曲線 C' を考える

のような分数を積分するのだろうと疑問に思う方もいることでしょう。この式の利点はこの後で見ていくとわかるのですが、

> この右辺の積分を計算すれば、
> 関数 $f(z)$ の点 $z=a$ での値を求められる

ということにあります。

　このコーシーの積分公式を導いてみましょう。まず図4-6のように、閉曲線 C の内側にあって、点 $z=a$ を中心とする半径 r の円を新たな閉曲線 C' として考えることに

します。関数 $f(z)$ は閉曲線 C と C' の間の領域で正則なので、同様に $\frac{f(z)}{z-a}$ も正則です。よって、(4-11) 式の関係を使うと

$$\int_C \frac{f(z)}{z-a}dz = \int_{C'} \frac{f(z)}{z-a}dz \qquad (4\text{-}14)$$

が成り立ちます。よって、この右辺の積分を求めればよいことになります。この閉曲線 C' 上の点を偏角 θ と半径 r を使って表すと、図のように

$$z = a + re^{i\theta} \qquad (4\text{-}15)$$

となります（よって、$z-a=re^{i\theta}$）。この両辺を偏角 θ で微分すると

$$\begin{aligned}\frac{dz}{d\theta} &= \frac{da}{d\theta} + r\frac{d}{d\theta}e^{i\theta} \\ &= 0 + ire^{i\theta} \\ &= ire^{i\theta}\end{aligned}$$

となり、よって

$$dz = ire^{i\theta}d\theta \qquad (4\text{-}16)$$

が得られます。また、閉曲線 C' の積分範囲は1周の周回積分なので、偏角 θ は0から 2π まで積分することになります。(4-14) 式の右辺に (4-15) 式と (4-16) 式を代入すると

$$\int_{C'} \frac{f(z)}{z-a}dz = \int_0^{2\pi} \frac{f(a+re^{i\theta})}{re^{i\theta}}ire^{i\theta}d\theta$$

$$= i\int_0^{2\pi} f(a+re^{i\theta})d\theta$$

となります。ここで閉曲線 C' の半径 r を無限に小さくとっても (4-11) 式の関係によって左辺の積分の値は変わらないので $r \to 0$ とすると、右辺は

$$= i\int_0^{2\pi} f(a)\,d\theta$$

となります。$f(a)$ は定数なので積分の外に出すと

$$= if(a)\int_0^{2\pi} d\theta = if(a)\bigl[\theta\bigr]_0^{2\pi}$$

$$= 2\pi i\,f(a)$$

となり、まとめると

$$\int_C \frac{f(z)}{z-a}dz = 2\pi i\,f(a)$$

となって (4-13) 式が得られました。これでコーシーの積分公式が導かれました。

■導関数の積分公式

このコーシーの積分公式を使うと、「領域 D の中の正則な関数 $f(z)$ は、領域 D の中で何回でも微分可能であること」が証明でき、また、「その n 階の導関数が

$$f^{(n)}(a) = \frac{n!}{2\pi i}\int_C \frac{f(z)}{(z-a)^{n+1}}dz \quad (n=0,1,2,\cdots) \quad (4\text{-}17)$$

で表されること」を証明できます（$f^{(n)}(a)$ は $f(a)$ の n 階の導関数を表します）。この証明を見てみましょう。

まず、1 階の導関数の場合から考えましょう。領域 D の中に点 $z=a$ と点 $z=a+h$ がある場合に、

$$\frac{f(a+h)-f(a)}{h}$$

は（4-13）式のコーシーの積分公式を使うと次のように表されます。

$$\frac{f(a+h)-f(a)}{h} = \frac{1}{2\pi h i}\int_C \frac{f(z)}{z-(a+h)}dz$$
$$-\frac{1}{2\pi h i}\int_C \frac{f(z)}{z-a}dz$$

よって、

$$= \frac{1}{2\pi h i}\int_C \left\{\frac{f(z)}{z-(a+h)} - \frac{f(z)}{z-a}\right\}dz$$
$$= \frac{1}{2\pi h i}\int_C \frac{f(z)(z-a-z+a+h)}{\{z-(a+h)\}(z-a)}dz$$
$$= \frac{1}{2\pi i}\int_C \frac{f(z)}{\{z-(a+h)\}(z-a)}dz$$

となり、両辺で $h \to 0$ の極限をとると

$$\lim_{h\to 0}\frac{f(a+h)-f(a)}{h} = \frac{1}{2\pi i}\int_C \frac{f(z)}{(z-a)^2}dz$$

が得られます。左辺は 1 階の導関数の $f'(a)$ を表しているので

$$f'(a) = \frac{1}{2\pi i}\int_C \frac{f(z)}{(z-a)^2}dz \qquad (4\text{-}18)$$

が得られます。これは、(4-17) 式の $n=1$ の場合に対応します。また、この計算によって、「領域 D の中の正則な関数 $f(z)$ は微分可能であり $f'(a)$ が求められること」がわかりました。

同様に $n=2$ や 3 の場合も順次求めることで「領域 D の中の正則な関数 $f(z)$ は、領域 D の中で何回でも微分可能であること」と (4-17) 式が証明できます。

■リウヴィルの定理

コーシーの積分公式を使うと、さらに次の重要な定理を導けます。それは

「リウヴィルの定理」と「代数学の基本定理」
および「最大値・最小値の定理」

です。このうち「代数学の基本定理」などは名前からして重々しい大事な定理のように思えます。

まず、リウヴィルの定理から見ていきましょう。この定

理は

> 整関数 $f(z)$ について、複素平面全体で $|f(z)|<M$ を満たす定数 M があるならば $f(z)$ は定数である

というものです。これを証明してみましょう。

関数 $f(z)$ の微分に対応する (4-18) 式を利用します。

$$f'(z) = \frac{1}{2\pi i}\int_C \frac{f(z)}{(z-a)^2}dz \qquad (4\text{-}18)$$

閉曲線 C は点 a を中心とする半径 r の円周であるとします。このとき、円周上の点 z は前々節と同様に $z=a+re^{i\theta}$ で表されます。また、これを θ で微分して

$$\frac{dz}{d\theta} = ire^{i\theta} \quad \therefore dz = ire^{i\theta}d\theta$$

の関係も得られます。

(4-18) 式の両辺の絶対値をとってこれらを代入すると

$$|f'(a)| = \left|\frac{1}{2\pi i}\int_C \frac{f(z)}{(z-a)^2}dz\right|$$

$$= \left|\frac{1}{2\pi i}\int_0^{2\pi} \frac{f(z)}{r^2 e^{i2\theta}}ire^{i\theta}d\theta\right|$$

$$= \left|\frac{1}{2\pi}\int_0^{2\pi} \frac{f(z)}{r}e^{-i\theta}d\theta\right|$$

となります。さらに、(4-5) 式の関係と (2-11) 式の関係、それに $|e^{-i\theta}|=1$ と $|f(z)|<M$ の関係を使うと

$$\leq \frac{1}{2\pi}\int_0^{2\pi}\left|\frac{f(z)}{r}e^{-i\theta}\right|d\theta \quad (0 \text{ から } 2\pi \text{ までは } d\theta=|d\theta|)$$

$$= \frac{1}{2\pi}\int_0^{2\pi}\left|\frac{f(z)}{r}\right||e^{-i\theta}|d\theta$$

$$= \frac{1}{2\pi}\int_0^{2\pi}\left|\frac{f(z)}{r}\right|d\theta$$

$$\leq \frac{1}{2\pi}\int_0^{2\pi}\frac{M}{r}d\theta = \frac{M}{2\pi r}\int_0^{2\pi}1 d\theta = \frac{M}{2\pi r}\bigl[\theta\bigr]_0^{2\pi} = \frac{M}{r}$$

となります。このとき積分経路の半径rはどれほど大きな値を選んでもよいので、右辺のM/rを限りなくゼロに近づけることが可能です。したがって、この不等式から

$$|f'(a)| = 0$$

が得られます。点aは複素平面の任意の点をとれるので、この式は関数$f(z)$の傾きを表す$f'(z)$がゼロであることを示しています。よって、関数$f(z)$が定数であることがわかり、リウヴィルの定理が証明されました。

■代数学の基本定理

さて、その次の代数学の基本定理というのは、

関数 $f_n(z)$ が n 次 ($n\geq 1$) の多項式である方程式

$$f_n(z) = b_0 + b_1 z + b_2 z^2 + \cdots + b_n z^n = 0$$
（ただし、$b_n \neq 0$） \hfill (4-19)

は少なくとも1つの複素数の解を持つ

というものです。

この証明には、**背理法**を使います。背理法は、

(1) 最初にある仮定を作り、
(2) その仮定に従うと矛盾が生じることを示し、
(3) よって、その最初の仮定は間違っていた

という論法で証明します。

ここでは最初に

$$方程式\ f_n(z) = 0\ に解はない$$

と仮定します。とすると、複素平面上のどこでも

$$f_n(z) \neq 0$$

になります。したがって、関数 $f_n(z)$ を分母に持つ関数

$$g(z) \equiv \frac{1}{f_n(z)}$$

について考えると、これは「どこにも特異点（微分できない点）を持たない正則な関数である」ということになります。また、$f_n(z)$ はゼロにならないので複素平面内で $|g(z)|$ は無限大にはならず、これより大きな定数 M が存在します。

とすると、関数 $g(z)$ はリウヴィルの定理の条件を満たすので

関数 $g(z)$ は定数である（＝その逆数の $f_n(z)$ も定数である）

ということになります。ところが、関数 $f_n(z)$ は定義により $b_n \neq 0$ なので定数ではありません。つまり、矛盾が生じます。

ということは、最初の仮定の

「方程式 $f_n(z)=0$ に解はない」が間違っており、
「解がある」が正しい

ということになります。

「n 次多項式の方程式に複素数の解がある」という定理は、代数学では極めて重要なので、これを**代数学の基本定理**と呼びます。代数学の基本定理を最初に導いたのはガウスでした。

この代数学の基本定理を使うと、(4-19) 式の方程式の解についてもう 1 つ重要な関係が導けます。

代数学の基本定理によって (4-19) 式は少なくとも 1 つの複素数の解を持つので、その解を s_n と置くことにします。(4-19) 式にこの s_n を代入すると $f_n(z)=0$ となるということは、$(z-s_n)$ で因数分解できることを意味します。したがって、

$$f_n(z) = (z-s_n)f_{n-1}(z)$$

と変形できます。右辺の $f_{n-1}(z)$ は $(n-1)$ 次の多項式です。次に

$$f_{n-1}(z) = 0$$

という方程式について考えると、これは代数学の基本定理によって少なくとも1つの複素数の解を持つので、その解を s_{n-1} と置くことにします。すると先ほどと同様に因数分解できるので、

$$f_n(z) = (z-s_n)(z-s_{n-1})f_{n-2}(z)$$

と変形できます。右辺の $f_{n-2}(z)$ は $(n-2)$ 次の多項式です。これを繰り返すと、結局

$$f_n(z) = b_n(z-s_n)(z-s_{n-1})\cdots(z-s_1)$$

となります。したがって、(4-19) 式の方程式の解は n 個あることがわかります。よって、

方程式

$$f_n(z) = b_0+b_1z+b_2z^2+\cdots+b_nz^n = 0$$
（ただし、$b_n \neq 0$）

は n 個の複素数の解を持つ

という重要な関係が得られました。ただし、これらの解のいくつかが同じ解になることもあり、同じ解を**重解**または**重根**（じゅうこん）と呼びます。

■最大値・最小値の定理

3つ目の最大値・最小値の定理は、最大値の定理と最小値の定理に分けられます。**最大値の定理**は

> 関数 $f(z)$ が閉曲線 C 上とその内部で正則であり、かつ定数でない場合には、絶対値 $|f(z)|$ は C の内部で最大値をとることはない(すなわち C 上で最大値をとる)

というものです。

もう1つの**最小値の定理**は

> 関数 $f(z)$ が閉曲線 C 上とその内部で正則であり、かつ定数でない場合に、$f(z) \neq 0$ であれば、絶対値 $|f(z)|$ は C の内部で最小値をとることはない(すなわち C 上で最小値をとる)

というものです。

最大値の定理の証明からとりかかりましょう。この証明にも背理法を使います。まず、次のように仮定します。

$|f(z)|$ は閉曲線 C 内部の点 a で最大値をとる

閉曲線 C として点 a を中心とする半径 r の円をとると、偏角 θ の点の $|f(a+re^{i\theta})|$ は点 a での値より小さいので

$$|f(a)| > |f(a+re^{i\theta})| \tag{4-20}$$

が成り立ちます。一方、これらの点には (4-13) 式のコーシーの積分公式

$$f(a) = \frac{1}{2\pi i}\int_C \frac{f(z)}{z-a}dz$$

が成り立ちます。前々節と同様の変数変換をすると

$$= \frac{1}{2\pi i}\int_0^{2\pi} \frac{f(a+re^{i\theta})}{re^{i\theta}}ire^{i\theta}d\theta$$

$$= \frac{1}{2\pi}\int_0^{2\pi} f(a+re^{i\theta})d\theta$$

が成り立ちます。この両辺の絶対値をとり、さらに右辺に一般化した三角不等式を使うと

$$|f(a)| = \left|\frac{1}{2\pi}\int_0^{2\pi} f(a+re^{i\theta})d\theta\right|$$

$$\leq \frac{1}{2\pi}\int_0^{2\pi} |f(a+re^{i\theta})|d\theta$$

となります。(4-20) 式をこの右辺に使うと

$$< \frac{1}{2\pi}\int_0^{2\pi} |f(a)|d\theta$$

$$= \frac{|f(a)|}{2\pi}\int_0^{2\pi} 1d\theta$$

$$= |f(a)|$$

となります。よって、この式をまとめると

$$|f(a)| < |f(a)|$$

という矛盾した結果になります。これは、最初の仮定の「$|f(z)|$ は閉曲線 C 内部の点 a で最大値をとる」が間違っていることを表しています。よって、$|f(z)|$ は閉曲線 C 内部では最大値をとることはなく、C 上で最大値をとることになります。

最小値の定理は、

$$g(z) \equiv \frac{1}{f(z)}$$

という関数 $g(z)$ を定義して、この関数に先ほどと同じように証明を行えば得られます。$f(z) \neq 0$ なので $g(z)$ は無限大に発散することはありません。

さてこれで、コーシーの積分公式から導ける3つの重要な定理を証明しました。

■ $(z-a)^n$ の積分

ここでは、次章の留数定理で必要となる次式の積分の関係を導いておきましょう。

$$\int_C (z-a)^n dz = \begin{cases} 0 & (n \neq -1) \\ 2\pi i & (n = -1) \end{cases} \quad (4\text{-}21)$$

この積分は $n \neq -1$ の場合にはゼロになり、$n = -1$ の場合には $2\pi i$ になるという関係です(ただし n は整数)。

$n = -1$ の場合の積分は、コーシーの積分公式で $f(z) = 1$ の場合に対応します。この場合は $f(z)$ は定数1なので $z = a$ の場合も $f(a) = 1$ です。よって、コーシー

の積分公式から

$$1 = \frac{1}{2\pi i}\int_C \frac{1}{z-a}dz$$

$$\therefore \int_C \frac{1}{z-a}dz = 2\pi i$$

が得られます。これで、(4-21) 式での $n=-1$ の場合が証明できました。

では、n が $n \neq -1$ である整数の場合はどうでしょうか。この場合は、n が正の整数なのか、あるいは負の整数なのかで、証明の方法が異なります。n が正の整数の場合は、関数 $(z-a)^n$ は正則なのでコーシーの積分定理により、この積分の値はゼロになります。

次に、n が ($n \neq -1$ の) 負の整数の場合はどうなるでしょうか。(4-21) 式の左辺を書き直すと

$$\int_C (z-a)^n dz = \int_C \frac{1}{(z-a)^{-n}}dz$$

となります。このとき右辺の積分の中の関数は $z=a$ で発散するので、先ほどの n が正の整数の場合とは違って正則ではありません。したがってコーシーの積分定理は使えません。そこで、まじめに積分してみましょう。積分の経路を図 4-6 の閉曲線 C' と同じように、複素数 a を中心とする半径 r の円周にとります。すると前節と同様にして $z-a=re^{i\theta}$ の関係を使って

第4章　複素関数の積分

$$\int_C \frac{1}{(z-a)^{-n}} dz = \int_0^{2\pi} \frac{1}{r^{-n}e^{-in\theta}} ire^{i\theta} d\theta$$

$$= ir^{(n+1)} \int_0^{2\pi} e^{i(n+1)\theta} d\theta$$

$$= ir^{(n+1)} \left[\frac{e^{i(n+1)\theta}}{i(n+1)} \right]_0^{2\pi}$$

$$= r^{(n+1)} \left[\frac{e^{i(n+1)\theta}}{n+1} \right]_0^{2\pi}$$

$$= r^{(n+1)} \frac{e^{i(n+1)2\pi} - 1}{n+1}$$

$$= 0 \quad (\because e^{i(n+1)2\pi} = 1)$$

となります。よって、$n \neq -1$ の場合には整数 n の正負にかかわらず、(4-21) 式の左辺の積分はゼロになることが証明されました。

■ガウシアンとは？

　複素積分のありがたみはどこにあるかというと、その1つは手間のかかる実変数による積分が簡単になることです。本章の付属問題4では、一例として「ガウシアンのフーリエ変換」を複素積分を使って求めます。と言っても「ガウシアンって何？」とか「フーリエ変換って何？」という読者も多いでしょうから、本節では予備知識として**ガウシアン**を頭に入れておきましょう。

　ガウシアンは、様々な科学分野でよく使われる関数で**ガウス型関数**とも呼ばれます。実変数 x の関数として書く

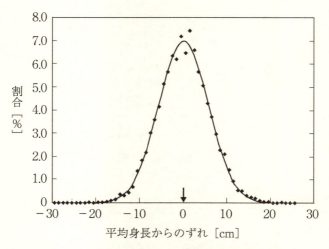

図 4-7　平成 20 年度の 17 歳男子の身長の分布
文部科学省・学校保健統計調査による

と

$$f(x) = e^{-ax^2} \quad (a \text{ は正の実数})$$

になります。この関数が表す曲線は、読者の皆さんもきっとどこかで見たことがあるでしょう。その一例が図 4-7 のグラフです。このグラフは平成 20 年度の 17 歳男子の身長がどのように分布しているかを表しています。横軸は平均身長 170.6 cm からのずれを表しているので、ずれが +10 cm の身長は約 180.6 cm で、ずれが −10 cm の身長は約 160.6 cm です。点が実際の統計値で、実線が前式と相似形（縦方向の倍率が異なります）のガウシアンを表します。

ガウシアンはこのような統計分布を表すために大活躍しています。身長以外にも体重の分布や、大規模な各種のペーパーテストの成績の分布、それにテレビの視聴率の分布などもガウシアンで表されます。ガウシアンはこの図のように「つりがね」の形に似ているので、英語では通称でbell curve（ベルカーブ）とも呼ばれています。

フーリエ変換の説明は長くなるので本書では割愛しますが（ご関心のある方は拙著の『高校数学でわかるフーリエ変換』をご覧ください）、ガウシアンのフーリエ変換とは、次の積分であることを認識していただければ、本書の範囲内では十分です。

$$G(\omega) = \frac{1}{\sqrt{2\pi}} \int_{-\infty}^{\infty} e^{-at^2} e^{-i\omega t} dt \qquad (4\text{-}22)$$

ここで、a と ω は正の値を持つ $(a, \omega > 0)$ 実数であり、t も実数の変数です。ガウシアンのフーリエ変換とは、この式のように「ガウシアンの e^{-at^2} に $e^{-i\omega t}$ をかけて、変数 t で $-\infty$ から ∞ まで積分したもの」です。

◆付属問題4

ガウシアンのフーリエ変換である（4-22）式の積分を求めてください。

さて、本章では複素関数の積分に関わるコーシーの積分

定理と、コーシーの積分公式という2つの重要な関係を理解しました。以下に、本章で学んだ重要事項をまとめておきましょう。ここまでは単純閉曲線の内側で複素関数が正則な場合を主に扱ってきましたが、次章ではそうではない場合が登場します。

複素関数 $f(z)=g(z)+ih(z)$ の積分

$$\int_C f(z)dz = \int_C \{g(z)dx - h(z)dy\}$$

$$+ i\int_C \{g(z)dy + h(z)dx\} \quad (4\text{-}3)$$

コーシーの積分定理

領域 D 内で正則な複素関数 $f(z)$ を単純閉曲線 C に沿って積分する場合

$$\int_C f(z)dz = 0 \quad (4\text{-}6)$$

単純閉曲線 C_1 の内側に複数の単純閉曲線 $C_2, C_3, \cdots, C_n$ がある場合

$$\int_{C_1} f(z)dz = \int_{C_2} f(z)dz + \int_{C_3} f(z)dz + \cdots + \int_{C_n} f(z)dz$$

$$(4\text{-}12)$$

コーシーの積分公式

領域 D の中の正則な関数 $f(z)$ において、領域 D の中に単純閉曲線 C があって、点 $z=a$ が C の内部にある場合

$$f(a) = \frac{1}{2\pi i}\int_C \frac{f(z)}{z-a}dz \qquad (4\text{-}13)$$

$$f^{(n)}(a) = \frac{n!}{2\pi i}\int_C \frac{f(z)}{(z-a)^{n+1}}dz \quad (n=0,1,2,\cdots)$$
$$(4\text{-}17)$$

リウヴィルの定理

整関数 $f(z)$ について、複素平面全体で $|f(z)| < M$ を満たす定数 M があるなら $f(z)$ は定数である

代数学の基本定理

方程式

$$f_n(z) = b_0 + b_1 z + b_2 z^2 + \cdots + b_n z^n = 0$$
（ただし、$b_n \neq 0$）

は少なくとも1つの複素数の解を持つ（→n 個の複素数の解を持つ）

最大値の定理

関数 $f(z)$ が閉曲線 C 上とその内部で正則であり、かつ定数でない場合には、絶対値 $|f(z)|$ は C の内部で最大値をとることはない（すなわち C 上で最大値をとる）

最小値の定理

関数 $f(z)$ が閉曲線 C 上とその内部で正則であり、かつ定数でない場合に、$f(z) \neq 0$ であれば、絶対値 $|f(z)|$ は C の内部で最小値をとることはない（すなわち C 上で最小値をとる）

$(z-a)^n$ の積分（n は整数）

$$\int_C (z-a)^n dz = \begin{cases} 0 & (n \neq -1) \\ 2\pi i & (n = -1) \end{cases} \quad (4\text{-}21)$$

コーシー

コーシーは 1789 年の 8 月にパリに生まれました。同じ年の 7 月にはパリの市民がバスティーユ牢獄を襲撃し、フランス革命が始まっていました。革命の騒乱を避けるために、1794 年にコーシー一家はパリ郊外のアルクイユの別荘に避難しましたが、やがてパリに戻りました。数学者のラプラス（1749〜1827）が元老院の議長という要職につくと、コーシーの父はその書記になりました。少年時代からコーシーはラプラスと面識があったようです。

コーシーは 16 歳でエコール・ポリテクニク（理工科学校。グランゼコールと呼ばれるフランスのエリート養成機関の 1 つ）に進み、2 年後に土木学校に進学しました。18 歳で土木学校を卒業すると、技師としてシェルブール港の建設に携わりました。1805 年にトラファルガーの海戦に敗れたナポレオンは，軍港の整備を進めました。シェルブールの

3年間で健康を害したコーシーはパリに戻りましたが、数学上の業績もあげ始めていました。

コーシーは土木技師よりも数学で生計を立てるべく努力し、1816年にはエコール・ポリテクニクにポストを得るとともに、パリのアカデミーの会員に選ばれました。コーシーの積分定理は1825年に発表しました。

コーシーは政治的には、王政支持派だったので、フランス革命後の政治的混乱の影響を受けました。1830年に7月革命が起こるとコーシーはイタリアのトリノに逃れトリノ大学にポストを得ましたが、その後にプラハに移りました。この外国での滞在は8年間に及びました。ガロア（1811〜1832）が最初の論文をコーシーに提出したのが1829年で、コーシーはガロアの論文を紛失したと言われています。翌年の7月革命でコーシーはパリを離れているので、混乱の時期ではあったようです。1831年に，コーシーの積分公式と留数定理を発表しています。

1789年のバスティーユ牢獄襲撃に始まるフランス革命から年表にすると以下のようになります。コーシーが激動の時代を生きたことがわかります。

1789年　バスティーユ牢獄襲撃
1791年　立法議会成立
1793年　ルイ16世とマリー・アントワネット処刑
1796年　ナポレオンのイタリア遠征
1798年　ナポレオンのエジプト遠征
1799年　ナポレオン第一統領就任

1804年　ナポレオン皇帝即位
1814年　ナポレオン失脚、ルイ18世即位
1815年　ナポレオンがエルバ島を脱出、ワーテルローの戦いで敗れる
1824年　シャルル10世即位
1830年　七月革命（ブルジョワ主体の革命）、ルイ・フィリップ1世即位
1848年　二月革命（プロレタリアート主体の革命）、第二共和制発足
1852年　ナポレオン3世皇帝即位

Augustin Louis Cauchy

第4章 複素関数の積分

　コーシーは1838年にパリに戻りましたが、アカデミー会員以外のポストはなく、大学に職を得たのは1848年の二月革命後でした。コーシーは複素関数論の父とでも呼ぶべき存在です。無限小の取り扱いや級数の収束について厳密な考え方を導入し、イプシロン・デルタ（エヌ）論法の基礎を構築しました。次章でもコーシーによる留数定理が登場します。

第 5 章

留数定理

■テイラー展開

第1章で実数xを変数とする関数$f(x)$のテイラー展開を学びました。ここでは複素変数zの関数$f(z)$のテイラー展開を見ていきましょう。複素関数のテイラー展開には前章で学んだコーシーの積分公式が役に立ちます。

複素関数$f(z)$は、複素平面上では点aを中心とする円Cの内部で正則であるとします(図5-1)。このとき円Cの内部の複素数zでの$f(z)$は(4-13)式のコーシーの積分公式を使うと

$$f(z) = \frac{1}{2\pi i}\int_C \frac{f(k)}{k-z}dk \tag{5-1}$$

と表されます。ここで右辺の変数は(4-13)式の「aとz」から「zとk」に変えているので注意してください。次に、この積分の中の分数を以下のように変形します。

$$\begin{aligned}\frac{1}{k-z} &= \frac{1}{k-a-(z-a)} \\ &= \frac{1}{(k-a)\left(1-\dfrac{z-a}{k-a}\right)} \\ &= \frac{1}{k-a}\times\frac{1}{1-\dfrac{z-a}{k-a}}\end{aligned} \tag{5-2}$$

この右辺の3行目のかけ算の右側の分数は、第1章の最後に見た無限等比級数の(1-22)式と同じ形をしています。(1-22)式では「分母の中の変数zの絶対値が1より小さ

第 5 章 留数定理

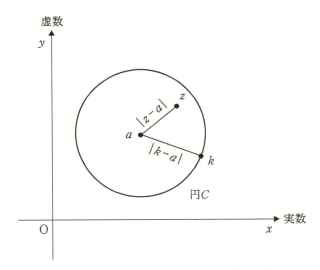

図 5-1　点 $z=a$ を中心とする円の閉曲線 C を考える

いこと」が収束の条件でした。この条件を先ほどの式にあてはめると、「分母の中の $\dfrac{z-a}{k-a}$ の絶対値が 1 より小さいこと」が収束の条件であることに気づきます。

先ほど定義したように、複素数 z は円 C の内部にあり、積分変数 k は円 C の経路をたどるので、図 5-1 で各点の間の距離を比較すれば次式が成り立つことが分かります。

$$\left|\frac{z-a}{k-a}\right|<1$$

よって、(5-2) 式の右辺は次式のように「収束する無限等比級数」として (1-21) 式を使って表せます。

141

(5-2) 式の右辺 $= \dfrac{1}{k-a}\left\{1+\dfrac{z-a}{k-a}+\left(\dfrac{z-a}{k-a}\right)^2+\cdots\right\}$

$$= \dfrac{1}{k-a}+\dfrac{z-a}{(k-a)^2}+\dfrac{(z-a)^2}{(k-a)^3}+\cdots$$

これを (5-1) 式に代入すると

$$f(z) = \dfrac{1}{2\pi i}\int_C \dfrac{f(k)}{k-a}dk + \dfrac{z-a}{2\pi i}\int_C \dfrac{f(k)}{(k-a)^2}dk$$

$$+ \dfrac{(z-a)^2}{2\pi i}\int_C \dfrac{f(k)}{(k-a)^3}dk + \cdots$$

となります。ここで各項を (4-17) 式

$$f^{(n)}(a) = \dfrac{n!}{2\pi i}\int_C \dfrac{f(z)}{(z-a)^{n+1}}dz \quad (n=0, 1, 2, \cdots) \quad (4\text{-}17)$$

と見比べると、微分回数ゼロ回 ($n=0$) の場合では

$$f^{(0)}(a) = \dfrac{0!}{2\pi i}\int_C \dfrac{f(z)}{z-a}dz$$

であり、微分回数 1 回の場合では

$$f^{(1)}(a) = \dfrac{1!}{2\pi i}\int_C \dfrac{f(z)}{(z-a)^2}dz$$

なので $f(z)$ の各項では

$$\dfrac{1}{2\pi i}\int_C \dfrac{f(k)}{k-a}dk = f^{(0)}(a) = f(a)$$

$$\dfrac{z-a}{2\pi i}\int_C \dfrac{f(k)}{(k-a)^2}dk = f^{(1)}(a)(z-a)$$

などの関係が成り立つことに気づきます。よって、$f(z)$ は

$$f(z) = f(a)+f'(a)(z-a)+\frac{1}{2!}f''(a)(z-a)^2+\cdots$$

$$+\frac{1}{n!}f^{(n)}(a)(z-a)^n+\cdots$$

と表されることがわかります。これが複素関数の**テイラー展開**で、この右辺のべき級数の式が**テイラー級数**です。

この式で $a=0$ の場合は、次式が成り立ちますが、これが複素関数の**マクローリン展開**です。

$$f(z) = f(0)+f'(0)z+\frac{1}{2!}f''(0)z^2+\cdots$$

$$+\frac{1}{n!}f^{(n)}(0)z^n+\cdots$$

このように複素関数のテイラー展開とマクローリン展開が導かれました。ここでは「複素関数 $f(z)$ が複素平面上では点 a を中心とする円 C の内部で正則である」ことを仮定すれば、テイラー展開が導出できました。複素関数 $f(z)$ が領域 D で正則であれば、その領域 D の中で点 a と円 C は任意に選べるので、「**複素関数 $f(z)$ が領域 D で正則であれば、$f(z)$ はテイラー展開できる**」ことになります。また、テイラー展開によって得られるテイラー級数は、ここで見たように「べき級数」なので、「**複素関数 $f(z)$ が領域 D で正則であれば、$f(z)$ はべき級数に展開できる**」ことになります。

指数関数、サイン、コサインのテイラー展開（マクロー

リン展開）を求めると、実数の場合の（1-12）式、（1-15）式、（1-16）式において変数を x から z に変えたものと同じ形をしていて以下のようになります。

$$e^z = 1+z+\frac{1}{2}z^2+\frac{1}{3!}z^3+\cdots+\frac{1}{n!}z^n+\cdots \quad (5\text{-}3)$$

$$\sin z = z-\frac{1}{3!}z^3+\frac{1}{5!}z^5-\cdots \quad (5\text{-}4)$$

$$\cos z = 1-\frac{1}{2!}z^2+\frac{1}{4!}z^4-\cdots \quad (5\text{-}5)$$

■ローラン展開

関数 $f(z)$ が $z=a$ で正則ではない（つまり微分できない）場合には、この点 a を**特異点**と呼びます。例えば、次式の関数

$$f(z) = \frac{1}{z-3}$$

の特異点は $z=3$ です。$z=3$ では分母の値はゼロになるので、この関数は無限大に発散します。

前節で見たテイラー展開では、点 a で展開するには、関数 $f(z)$ は点 a で正則である必要がありました。したがって、特異点ではテイラー展開は使えません。このような場合に役立つのがローラン展開です。

ローラン展開を導くには、複素平面上で図 5-2 のようにドーナツ型の領域を考えます。内側の円を C_1、外側の円を C_2 とし、複素関数 $f(z)$ はこの 2 つの円に挟まれたド

ハワイは
毎年8㎝ずつ
日本に
近づいてるんだよ

オイラー数 e

$e =$
2.7182818284590452353602874
7135266249775724709369995957
4966967627724076630535547
9457138217852516642742746
9193200305992181741359662
4357290033429526059563073
3232862793439076323382988
5319525101901157383418792
0215408914993488416750924
6146066808226480016847741
5374234544243717053907774
9206955170276183860626133
8458300075204493382656029
0673711320070932870912743
4704723069697720931014166
3681902551510865746377211
5238978442505695536967707
4996996794686445495098793
3688923009879312773617821
2499229576351482208269895
9366803318252886939849646
0582093923892488793320……

公式サイト

ブルーバックス

第5章 留数定理

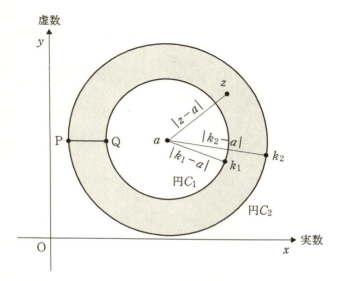

図5-2 点 $z=a$ を中心とする二重の円の閉曲線を考える

ーナツ型の領域で正則であるとします。また2つの円の中心は点 a であるとし、円 C_1 の内側は正則でない場合もあるとします。

ここで、ドーナツ型の領域にある点 z での複素関数 $f(z)$ について、コーシーの積分公式を使いましょう。積分経路は第4章の二重連結の場合の図4-4と同様に考えて、閉曲線 C_2 と閉曲線 C_1（ただし逆回り）、さらに図5-2の経路 PQ と QP とします。この場合、コーシーの積分公式より

$$f(z) = \frac{1}{2\pi i}\int_{C_2}\frac{f(k)}{k-z}dk - \frac{1}{2\pi i}\int_{C_1}\frac{f(k)}{k-z}dk$$
$$+ \frac{1}{2\pi i}\int_P^Q\frac{f(k)}{k-z}dk + \frac{1}{2\pi i}\int_Q^P\frac{f(k)}{k-z}dk$$
$$= \frac{1}{2\pi i}\int_{C_2}\frac{f(k)}{k-z}dk - \frac{1}{2\pi i}\int_{C_1}\frac{f(k)}{k-z}dk \quad (5\text{-}6)$$

となります。右辺の2行目の第3項と第4項は相殺して消えました。

右辺の3行目の第1項の積分の中の分数は、先ほどの(5-2)式を使うと

$$\frac{1}{k-z} = \frac{1}{k-a} \times \frac{1}{1-\frac{z-a}{k-a}}$$

です。積分変数kは円C_2上をたどり、点zは円C_2の内側なので、図5-2で点aとこれらの点の間の距離を比較すればわかるように(図ではC_2上のkをk_2で表しています)

$$\left|\frac{z-a}{k-a}\right| < 1$$

の関係が成り立ちます。よって前節と同じく無限等比級数は収束するので

$$\frac{1}{k-z} = \frac{1}{k-a}\left\{1 + \frac{z-a}{k-a} + \left(\frac{z-a}{k-a}\right)^2 + \cdots\right\}$$
$$= \frac{1}{k-a} + \frac{z-a}{(k-a)^2} + \frac{(z-a)^2}{(k-a)^3} + \cdots$$

と表すことができ、これを(5-6)式の右辺の第1項の積分

に代入すると

$$\frac{1}{2\pi i}\int_{C_2}\frac{f(k)}{k-z}dk = \frac{1}{2\pi i}\int_{C_2}\frac{f(k)}{k-a}dk + \frac{z-a}{2\pi i}\int_{C_2}\frac{f(k)}{(k-a)^2}dk$$
$$+ \frac{(z-a)^2}{2\pi i}\int_{C_2}\frac{f(k)}{(k-a)^3}dk + \cdots$$

となり、ここで

$$b_n \equiv \frac{1}{2\pi i}\int_{C_2}\frac{f(k)}{(k-a)^{n+1}}dk \qquad (n=0, 1, 2, \cdots) \quad (5\text{-}7)$$

とおくと

$$\frac{1}{2\pi i}\int_{C_2}\frac{f(k)}{k-z}dk = \sum_{n=0}^{\infty}b_n(z-a)^n$$

と表せることがわかります。

(5-6) 式の右辺の第2項の積分の中の分数は、先ほどの (5-2) 式と少し違って

$$\frac{1}{k-z} = \frac{1}{k-a-(z-a)} = \frac{-1}{(z-a)\left(1-\dfrac{k-a}{z-a}\right)}$$

$$= \frac{-1}{z-a} \times \frac{1}{1-\dfrac{k-a}{z-a}}$$

と変形します。積分変数 k は円 C_1 上をたどり、点 z は円 C_1 の外側なので図5-2で各点の間の距離を比較すればわかるように（図では C_1 上の k を k_1 で表しています）

$$\left|\frac{k-a}{z-a}\right| < 1$$

が成り立ちます。よって無限等比級数を使うと

$$\frac{1}{k-z} = \frac{-1}{z-a}\left\{1+\frac{k-a}{z-a}+\left(\frac{k-a}{z-a}\right)^2+\cdots\right\}$$

$$= -\frac{1}{z-a}-\frac{k-a}{(z-a)^2}-\frac{(k-a)^2}{(z-a)^3}-\cdots$$

となり、これを（5-6）式の右辺の第2項に代入すると

$$\frac{1}{2\pi i}\int_{C_1}\frac{f(k)}{k-z}dk = -\frac{1}{2\pi i(z-a)}\int_{C_1}f(k)dk$$

$$-\frac{1}{2\pi i(z-a)^2}\int_{C_1}f(k)(k-a)dk$$

$$-\frac{1}{2\pi i(z-a)^3}\int_{C_1}f(k)(k-a)^2dk+\cdots$$

となります。ここで

$$b_{-m} \equiv \frac{1}{2\pi i}\int_{C_1}f(k)(k-a)^{m-1}dk \qquad (m=1,2,\cdots) \quad (5\text{-}8)$$

とおくと

$$\frac{1}{2\pi i}\int_{C_1}\frac{f(k)}{k-z}dk = -\sum_{m=1}^{\infty}\frac{b_{-m}}{(z-a)^m}$$

と表せることがわかります。よって、$f(z)$ は（5-6）式にこれらを代入して

$$f(z) = \sum_{n=0}^{\infty} b_n(z-a)^n + \sum_{m=1}^{\infty} \frac{b_{-m}}{(z-a)^m} \tag{5-9}$$

と表されます。これが**ローラン展開**です。なお、(5-7) 式と (5-8) 式の被積分関数は、関数 $f(z)$ が円 C_1 と C_2 の間で正則であること、また、点 a はこのドーナツ領域の外にあることから、正則です。したがって、円 C_1 と C_2 の間の任意の円 C に対して (4-11) 式の関係が成り立ちます。したがって、(5-7) 式の積分経路 C_2 は C に変更でき、(5-8) 式の積分経路 C_1 も C に変更できます。すると $b_{-m}(m=1, 2, \cdots)$ は $b_n(n=0, \pm 1, \cdots)$ に統合できます。

■極

(5-9) 式を $\sum$ を使わずに書くと

$$f(z) = \cdots + \frac{b_{-3}}{(z-a)^3} + \frac{b_{-2}}{(z-a)^2} + \frac{b_{-1}}{z-a}$$
$$+ b_0 + b_1(z-a) + b_2(z-a)^2 + \cdots$$

となります。関数 $f(z)$ は、

> b_{-n} ($n=1, 2, 3, \cdots$) のいずれか1つがゼロでない場合には、$z=a$ が特異点になります。

特異点はさらに場合分けが可能で、

・$b_{-3} \neq 0$ で $b_{-4}=b_{-5}=\cdots=0$ の場合の特異点を **3位の**

極と呼び、

- $b_{-2}≠0$ で $b_{-3}=b_{-4}=\cdots=0$ の場合の特異点を **2位の極**、
- $b_{-1}≠0$ で $b_{-2}=b_{-3}=\cdots=0$ の場合の特異点を **1位の極** と呼びます。

また、n 位の極の n が無限大である場合は**真性特異点**と呼びます。

2位の極の場合は

$$f(z) = \frac{b_{-2}}{(z-a)^2} + \frac{b_{-1}}{z-a} + b_0 + b_1(z-a) + b_2(z-a)^2 + \cdots$$

$$= \frac{b_{-2} + b_{-1}(z-a) + b_0(z-a)^2 + b_1(z-a)^3 + \cdots}{(z-a)^2}$$

(5-10)

と書き換えられます。このとき分子の関数を

$$h(z) \equiv b_{-2} + b_{-1}(z-a) + b_0(z-a)^2 + b_1(z-a)^3 + \cdots$$

とおくと、$h(z)$ は点 a で正則です。このように n 位の極を持つ関数 $f(z)$ は

$$f(z) = \frac{h(z)}{(z-a)^n} \quad (h(z) \text{ は } z=a \text{ で正則な関数})$$

と表すことができます。

■除去可能な特異点

ある複素関数が特異点を持つ場合に、テイラー展開やロ

ーラン展開を使うと、特異点がなくなる場合があります。このような特異点を**除去可能な特異点**と呼びます。特異点がなくなる？ というのは奇妙に思えますが、実例を見てみましょう。次の関数

$$f(z) = \frac{\sin z}{z}$$

では、特異点は明らかに分母がゼロになる $z=0$ です。しかし、分子の $\sin z$ にテイラー展開の (5-4) 式を代入すると

$$= \frac{1}{z}\left(z - \frac{1}{3!}z^3 + \frac{1}{5!}z^5 - \cdots\right)$$

$$= 1 - \frac{1}{3!}z^2 + \frac{1}{5!}z^4 - \cdots$$

となり、$z=0$ では $f(0)=1$ となり微分可能になります。このような特異点が除去可能な特異点です。

■留数

次に留数(りゅうすう)を理解しましょう。例として (5-10) 式の右辺の1行目の式で表される2位の極を持つ関数 $f(z)$ を点 a の周囲の閉曲線 C に沿って周回積分します。すると

$$\int_C f(z)dz = \int_C \frac{b_{-2}}{(z-a)^2}dz + \int_C \frac{b_{-1}}{z-a}dz + \int_C b_0 dz$$

$$+ \int_C b_1(z-a)dz + \int_C b_2(z-a)^2 dz$$

$$+\int_C b_3(z-a)^3 dz + \cdots$$

となります。この右辺の項に、第4章で証明した (4-21) 式の関係を使うと、ゼロでない項は

$$\int_C \frac{b_{-1}}{z-a} dz = 2\pi i b_{-1}$$

の1つだけになることがわかります。よって、

$$\int_C f(z) dz = \int_C \frac{b_{-1}}{z-a} dz = 2\pi i b_{-1} \quad (5\text{-}11)$$

となります。b_{-1} が左辺に来るようにこの式を整理すると

$$b_{-1} = \frac{1}{2\pi i} \int_C f(z) dz$$

となりますが、この b_{-1} を**留数**と呼び、次式の記号で表します。

$$b_{-1} = R(a) \quad (5\text{-}12)$$

a は特異点です。ほかに、関数 $f(z)$ の f を使って

$$b_{-1} = Res[f, a]$$

と表す場合もあります。留数は英語で residue (レザデュー) です。

(5-11) 式と (5-12) 式をまとめると

$$\int_C f(z)dz = 2\pi i\, R(a) \qquad (5\text{-}13)$$

となりますが、これは左辺の

> 「閉曲線 C に沿った関数 $f(z)$ の複素積分」を求めたい場合には、留数を求めて $2\pi i$ をかければよい

ことを意味しています。この関係は複素積分において大変重要です。

■留数の求め方

(5-13) 式から、「閉曲線 C に沿った関数 $f(z)$ の複素積分」を求める際には、留数 $R(a)$ を求めればよいことがわかりました。また、この留数は (5-12) 式からローラン級数の係数 b_{-1} であることがわかっています。したがって、係数 b_{-1} を求めることが大事です。ここでは関数 $f(z)$ が次式のように3位の極を持つローラン級数に展開できる場合に、どのように b_{-1} を求めるのか見ていきましょう。

$$f(z) = \frac{b_{-3}}{(z-a)^3} + \frac{b_{-2}}{(z-a)^2} + \frac{b_{-1}}{z-a}$$
$$+ b_0 + b_1(z-a) + b_2(z-a)^2 + \cdots$$

手順としては、まず、両辺に $(z-a)^3$ をかけます。すると

$$(z-a)^3 f(z) = b_{-3} + b_{-2}(z-a) + b_{-1}(z-a)^2$$
$$+ b_0(z-a)^3 + b_1(z-a)^4 + \cdots$$

となります。これで分母はなくなりました。次にどのような操作をすればよいでしょうか。右辺の b_{-1} の項を見ると $(z-a)^2$ が余分なことに気づきます。そこで $(z-a)^2$ をなくすために両辺を z で2回微分します。すると

$$\frac{d^2}{dz^2}\{(z-a)^3 f(z)\}$$

$$= \frac{d^2}{dz^2}\{b_{-3}+b_{-2}(z-a)+b_{-1}(z-a)^2+b_0(z-a)^3+\cdots\}$$

$$= \frac{d}{dz}\{b_{-2}+2b_{-1}(z-a)+3b_0(z-a)^2+\cdots\}$$

$$= 2b_{-1}+6b_0(z-a)+\cdots$$

となり、右辺に $(z-a)^2$ がない b_{-1} が現れます。この両辺で $z \to a$ の極限をとると

$$\lim_{z \to a} \frac{d^2}{dz^2}\{(z-a)^3 f(z)\} = \lim_{z \to a}\{2b_{-1}+6b_0(z-a)+\cdots\}$$
$$= 2b_{-1}$$

となり、右辺の b_{-1} 以外の項が消えます。よって

$$b_{-1} = \frac{1}{2}\lim_{z \to a}\frac{d^2}{dz^2}\{(z-a)^3 f(z)\}$$

となります。

n 位の極を持つローラン級数の場合も同様に、両辺に $(z-a)^n$ をかけて $(n-1)$ 回微分すればよいので、同様に計算すると

$$R(a) = \frac{1}{(n-1)!} \lim_{z \to a} \frac{d^{n-1}}{dz^{n-1}} \{(z-a)^n f(z)\}$$

(5-14)

が得られます。これが留数を求める方法です。

例題として、実際にこの公式を使って留数を求めてみましょう。例えば、次の関数の場合は

$$\frac{2}{z(1-z)^2}$$

極は $z=0$ と $z=1$ の2つあります。また、$z=0$ は1位の極で、$z=1$ は2位の極です。

まず、$z=0$ の極についての留数を求めてみましょう。(5-14) 式に従うと1位の極の場合は、

$$R(a) = \lim_{z \to a} (z-a)f(z) \qquad (5\text{-}15)$$

なので

$$R(0) = \lim_{z \to 0} \left\{ z \times \frac{2}{z(1-z)^2} \right\} = \lim_{z \to 0} \frac{2}{(1-z)^2} = 2$$

になります。

次に、$z=1$ の2位の極についての留数を求めてみましょう。(5-14) 式に従うと2位の極の場合は、

$$R(a) = \lim_{z \to a} \frac{d}{dz} \{(z-a)^2 f(z)\} \qquad (5\text{-}16)$$

なので

$$R(1) = \lim_{z \to 1} \frac{d}{dz}\left\{(z-1)^2 \frac{2}{z(1-z)^2}\right\}$$
$$= \lim_{z \to 1} \frac{d}{dz}\left\{\frac{2}{z}\right\} = \lim_{z \to 1}\left(-\frac{2}{z^2}\right) = -2$$

となります。

■留数定理

この留数が関係する重要な定理を見てみましょう。図5-3のように、関数 $f(z)$ は閉曲線 C の内側に複数の特異

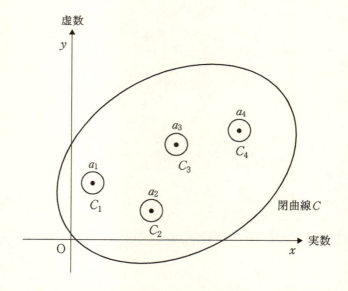

図 5-3 閉曲線 C の中に複数の特異点 $a_1, a_2, a_3, \cdots$ を持つ場合

点 $a_1, a_2, a_3, \cdots$ を持ち、C の内側ではこれらの特異点を除いて正則であるとします。このとき、次式が成り立ちます。

$$\int_C f(z)dz = 2\pi i \{R(a_1) + R(a_2) + \cdots + R(a_n)\}$$
$$= 2\pi i \sum_{j=1}^{n} R(a_j) \qquad (5\text{-}17)$$

この式は、

> 「左辺の閉曲線 C を経路とする関数 $f(z)$ の積分」は、「右辺のように、C の内側にある留数の和をとって $2\pi i$ をかければ」求められる

という関係を意味します。これを**留数定理**と呼びます。

この証明には、図 5-3 のように各特異点の周りを小さな円 $C_1, C_2, \cdots, C_n$ で囲みます。また、隣り合う円と円は重ならないような小さな円を描くことにします。このとき閉曲線 C とこれらの小さな円 $C_1, C_2, \cdots, C_n$ との間の領域では関数 $f(z)$ は正則なので、(4-12) 式のコーシーの積分定理が成り立ちます。

$$\int_C f(z)dz = \int_{C_1} f(z)dz + \int_{C_2} f(z)dz + \cdots + \int_{C_n} f(z)dz$$

また、右辺のそれぞれの項と各特異点との間には (5-13) 式と同じく

$$\int_{C_j} f(z)dz = 2\pi i\, R(a_j)$$

が成り立つので、この両式から（5-17）式が成り立つことがわかります。この留数定理は実積分の計算などでたいへん役に立ちます。

■**解析接続**

複素平面上で、「複素関数の正則な領域」を広げることを**解析接続**と呼びます。「関数が正則である」ということは「微分可能である」ということですが、複素平面上で微分可能な領域を広げることが複素関数の計算において有益なことがあります。この解析接続を具体的に表すと、次の文のように少し長くなります。

複素関数 $f_1(z)$ が領域 D_1 で正則な場合に、図 5-4 のように D_1 と共通の部分を持つ領域 D_2 があり、この領域 D_2 で正則な関数 $f_2(z)$ が、共通部分の $D_1 \cap D_2$ の領域（記号 $\cap$ は 2 つの集合が重なる部分を表します）で $f_1(z) = f_2(z)$ を満たすとき、「関数 $f_1(z)$ の領域 D_2 への解析接続は関数 $f_2(z)$ である」といいます。

この場合、解析接続によってつながった $f_1(z)$ と $f_2(z)$ から構成される複素関数 $F(z)$ を、次式のように定義すると

$$F(z) \equiv \begin{cases} f_1(z) & (z \in D_1) \\ f_2(z) & (z \in D_2) \end{cases}$$

関数 $F(z)$ は、関数 $f_1(z)$ の領域 D_1 と関数 $f_2(z)$ の領域

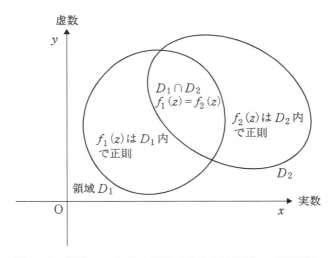

図 5-4 領域 D_1 で正則な関数 $f_1(z)$ から領域 D_2 で正則な関数 $f_2(z)$ への解析接続

D_2 で正則な関数になります。なお、この関数を構成する右辺の $f_1(z)$ と $f_2(z)$ は**要素**と呼ばれます。また、領域 D_1 の中の複素数 z を $z \in D_1$ と表し、領域 D_2 の中の複素数 z を $z \in D_2$ と表しています。

解析接続の具体的な例として、第1章に登場した (1-21) 式の等比級数を次式のように

$$f_1(z) \equiv \sum_{n=0}^{\infty} z^n$$

関数 $f_1(z)$ として考えてみましょう。

この関数はすでに見たように、$z<1$ の場合にのみ収束

するので、正則な領域は図 1-4 の「原点を中心とする半径 1 の収束円の内側」に限られています。この収束円が領域 D_1 です。次に関数 $f_2(z)$ として次式のように (1-22) 式

$$f_2(z) \equiv \frac{1}{1-z}$$

を考えてみましょう。

この関数は $z=1$ が特異点なので、$z \neq 1$ の領域で正則な関数です。よって、「$z \neq 1$ の領域」が領域 D_2 です。そして、$D_1 \cap D_2$ の領域では、$f_1(z)=f_2(z)$ を満たします。したがって、この両者を要素とする複素関数

$$F(z) \equiv \begin{cases} f_1(z) & (|z|<1) \\ f_2(z) & (z \neq 1) \end{cases}$$

を考えると、関数が正則な領域が D_1 から $D_1 \cup D_2$ (記号 $\cup$ は 2 つの集合のどちらかに属す部分を表します) に広がったことになります。

他の解析接続の一例としては、図 5-5 のように、関数 $f_1(z)$ の収束円 C_1 が領域 D_1 であるときに、収束円に近い点 a_1 でテイラー展開して接続するという手法があります。この点 a_1 でのテイラー級数の収束円 C_2 が C_1 と異なる場合には、点 a_1 でのテイラー級数を関数 $f_2(z)$ とし、その収束円 C_2 を領域 D_2 として解析接続ができます。また、これを繰り返せば解析接続によって図 5-5 のように、関数が正則な範囲を広げられます。

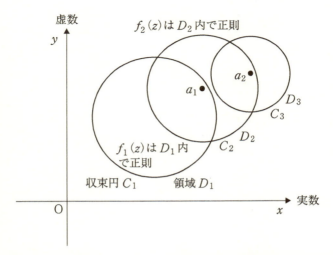

図 5-5 収束円の近くでテイラー展開を行い解析接続する場合

さて、本章ではテイラー展開、マクローリン展開、ローラン展開を学び、複素積分にとってとても重要な留数と留数定理、さらに解析接続を理解しました。次章ではいよいよ留数定理を使った実関数の積分に取り組みます。

◆付属問題５

次の関数の留数を求めてください。

$$\frac{2}{e^z - 1}$$

複素関数 $f(z)$ のテイラー展開

$$f(z) = f(a) + f'(a)(z-a) + \frac{1}{2!}f''(a)(z-a)^2 + \cdots$$

$$+ \frac{1}{n!}f^{(n)}(a)(z-a)^n + \cdots$$

複素関数 $f(z)$ のマクローリン展開

$$f(z) = f(0) + f'(0)z + \frac{1}{2!}f''(0)z^2 + \cdots$$

$$+ \frac{1}{n!}f^{(n)}(0)z^n + \cdots$$

ローラン展開

$$f(z) = \sum_{n=0}^{\infty} b_n(z-a)^n + \sum_{m=1}^{\infty} \frac{b_{-m}}{(z-a)^m} \qquad (5\text{-}9)$$

$$b_n = \frac{1}{2\pi i}\int_{C_2} \frac{f(k)}{(k-a)^{n+1}} dk \qquad (n=0, 1, 2, \cdots)$$

$$b_{-m} = \frac{1}{2\pi i}\int_{C_1} f(k)(k-a)^{m-1} dk \qquad (m=1, 2, \cdots)$$

留数

$$b_{-1} = R(a) = Res[f, a] = \frac{1}{2\pi i}\int_C f(z)dz$$

$$R(a) = \frac{1}{(n-1)!}\lim_{z \to a} \frac{d^{n-1}}{dz^{n-1}}\{(z-a)^n f(z)\}$$

$$(5\text{-}14)$$

1 位の極 $\quad R(a) = \lim_{z \to a}(z-a)f(z) \qquad (5\text{-}15)$

2位の極 $\quad R(a) = \lim_{z \to a} \dfrac{d}{dz}\{(z-a)^2 f(z)\}$ \hfill (5-16)

3位の極 $\quad R(a) = \dfrac{1}{2} \lim_{z \to a} \dfrac{d^2}{dz^2}\{(z-a)^3 f(z)\}$

留数定理

$$\int_C f(z)dz = 2\pi i\, \{R(a_1)+R(a_2)+\cdots+R(a_n)\}$$

$$= 2\pi i \sum_{j=1}^{n} R(a_j) \qquad (5\text{-}17)$$

リーマン

　リーマンは1826年にドイツ北方の町リューネブルク近くの村に生まれました。父親はルター派の牧師で、子供はリーマンを含めて6人でした。1846年にゲッチンゲン大学に入学し、当初は、神学を専攻していました。しかし、数学への関心が高く、父の許可を得て数学に専攻を変えました。

　ゲッチンゲン大学には、70歳に近いガウスがいましたが、数学を学ぶ環境としては必ずしも優れてはいませんでした。そこで、1847年にベルリン大学に移りました。ベルリン大学には、ヤコビ、ディリクレらのそうそうたる数学者が揃っていました。1849年にゲッチンゲン大学に戻り、ガウスのもとで1851年に博士号を取得しました。コーシー・リーマンの関係式はこの学位論文に登場しました。また、この間に物理学者ウェーバーの助手を務めました。1854年に大学の研究資格（Habilitation）を得ましたが、

Georg Friedrich Bernhard Riemann

この審査のためにリーマンが行った幾何学の講演をガウスは激賞しました。

　ゲッチンゲン大学の教授になったのは1859年でした。1862年に姉の友人のエリーゼ・コッホと結婚しました。リーマンの兄弟姉妹の多くは結核によって亡くなりました。リーマンも結核に冒され、暖かいイタリアに療養に出かけました。イタリアからの帰国後に、再び健康状態が悪化したリーマンは、1866年に3度目のイタリア旅行にでかけました。そして、イタリア北部のマジョーレ湖の湖畔で倒れ、帰らぬ人になりました。39歳でした。

　リーマンの業績は生前には必ずしも十分な評価は得られませんでした。特にリーマン幾何学はアインシュタインが1910年代に一般相対性理論を構築するにあたって、その重要性が認識されるようになりました。

第6章

留数定理の応用 —— 実積分の計算

■留数定理を応用した実積分の計算

留数定理は実関数(実数の関数)の積分の計算で役に立ちます。複素数を変数とする複素関数について第5章まで学んできて、なぜここで実数の関数が登場するのだろう、と多くの読者が疑問を感じるかもしれません。しかし、実は実数の関数の積分(実積分)も簡単ではないものが多数あります。その場合に複素関数の積分が大いに役立つことがあるのです。ここでは3つの例を見てみましょう。

A. $\sin\theta$ や $\cos\theta$ を含む 0 から 2π までの積分

例題として次の積分を考えます。

$$\int_0^{2\pi} \frac{1}{4+2\cos\theta} d\theta \qquad (6\text{-}1)$$

この積分では、変数 θ は実数で被積分関数も実関数です。複素関数の積分とどのような関係を持たせられるのだろう? と疑問に感じることでしょう。ここではまず、

$$z = e^{i\theta}$$

という変数変換を行います。この z は右辺の $e^{i\theta}$ が表すように、複素平面上では原点を中心とする半径1の円 C の上にあります(図6-1)。θ が 0 から 2π まで動くと、z は円 C の上を1周することになります。この式を θ で微分すると

$$\frac{dz}{d\theta} = ie^{i\theta}$$

第6章 留数定理の応用

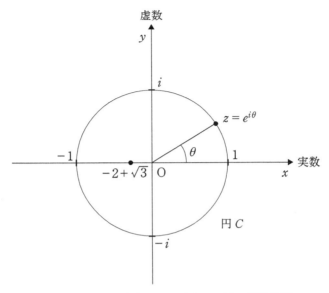

図 6-1　原点を中心とする半径 1 の円の積分経路

$$\therefore d\theta = \frac{1}{ie^{i\theta}}dz = \frac{-i}{z}dz$$

が得られます。これらの式と (2-2) 式

$$\cos\theta = \frac{e^{i\theta}+e^{-i\theta}}{2} = \frac{1}{2}\left(z+\frac{1}{z}\right)$$

を (6-1) 式に代入すると

$$\int_0^{2\pi} \frac{1}{4+2\cos\theta} d\theta = \int_c \frac{-i}{z\left\{4+\left(z+\frac{1}{z}\right)\right\}} dz$$

$$= \int_c \frac{-i}{z^2+4z+1} dz \quad (6\text{-}2)$$

となり、実数の積分が複素積分に変換できました。右辺の2行目を見ると被積分関数の分母が2次の多項式になっています。この特異点は2次方程式の

$$z^2+4z+1 = 0$$

を解けば求められます。よって、中学校で習った2次方程式の解の公式を思い出すと

$$z = \frac{-4\pm\sqrt{16-4}}{2} = \frac{-4\pm\sqrt{12}}{2} = \frac{-4\pm 2\sqrt{3}}{2} = -2\pm\sqrt{3}$$

が得られます。したがって、

$$\frac{1}{z^2+4z+1} = \frac{1}{\{z-(-2+\sqrt{3})\}\{z-(-2-\sqrt{3})\}}$$

となり、1位の極を2つ持つことがわかります。また、この特異点を少数に直すと

$$-2+\sqrt{3} = -2+1.732 = -0.268$$
$$-2-\sqrt{3} = -2-1.732 = -3.732$$

となるので、半径1の円内にある特異点は $z=-2+\sqrt{3}$ だけになります。よって、(6-2) 式の積分は留数定理と1

位の極の場合の留数を与える (5-15) 式より

$$\int_C \frac{-i}{z^2+4z+1}dz = 2\pi i\, R(-2+\sqrt{3})$$

$$= \lim_{z \to -2+\sqrt{3}} \Big[2\pi i \{z-(-2+\sqrt{3})\}$$

$$\times \frac{-i}{\{z-(-2+\sqrt{3})\}\{z-(-2-\sqrt{3})\}} \Big]$$

$$= \frac{2\pi}{-2+\sqrt{3}-(-2-\sqrt{3})} = \frac{\pi}{\sqrt{3}}$$

が得られます。このようにコサインを含む実関数の積分を複素関数に変換して解くことができました。

ここで見たコサインを含む積分は、さらに一般化できます。それは、次式のように、$\cos\theta$ や $\sin\theta$ を変数とする関数 $f(\cos\theta, \sin\theta)$ の積分において、θ を 0 から 2π まで積分する場合

$$\int_0^{2\pi} f(\cos\theta, \sin\theta)\,d\theta$$

では、$z = e^{i\theta}$ の変数変換を行い、

$$\cos\theta = \frac{e^{i\theta}+e^{-i\theta}}{2} = \frac{1}{2}\Big(z+\frac{1}{z}\Big)$$

$$\sin\theta = \frac{e^{i\theta}-e^{-i\theta}}{2i} = \frac{1}{2i}\Big(z-\frac{1}{z}\Big)$$

の関係を使えば、「半径 1 の複素平面上の円を積分経路とする複素積分に変換して積分を求められる」ということです。ただし、$f(\cos\theta, \sin\theta)$ は、$\cos\theta$ と $\sin\theta$ の有理関数であって、0 から 2π までの θ の範囲で連続である必要が

あります。

B. 実軸上を積分経路とする $-\infty$ から $+\infty$ までの有理関数の積分

2つ目の例として、実軸上を積分経路とする $-\infty$ から $+\infty$ までの積分を見てみましょう。被積分関数は有理関数です。例として、次の積分を考えます。

$$\int_{-\infty}^{\infty}\frac{1}{x^2+4}dx \tag{6-3}$$

変数を実変数 x から、複素変数 z に置き換えると、この被積分関数の特異点は分母の z^2+4 がゼロになるところです。したがって、次の2次方程式

$$0 = z^2+4 = (z+2i)(z-2i)$$

から、$z=2i$ と $z=-2i$ が特異点であることがわかります。

次に複素平面上の積分経路については図6-2のように、「半円 Γ (ガンマ)(ただし、半径 $r>2$ とします)」と「実軸上の $-r$ から r までの経路」からなる閉曲線 C を考えます。したがって、

$$\int_C \frac{1}{z^2+4}dz = \int_{-r}^{r}\frac{1}{z^2+4}dz + \int_r \frac{1}{z^2+4}dz \tag{6-4}$$

という積分を考えることになります。

ここからの計算の戦略は次の通りです。

第6章 留数定理の応用

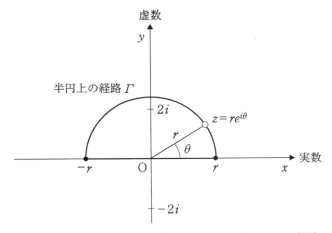

図6-2 半円上の経路 Γ と実軸上の $-r$ から r までの経路

（1）まず、閉曲線 C 内の積分について留数定理を使って、左辺の積分を求めます。留数定理を使うには、その前に特異点を求める必要がありますが、それは先ほど求めました。

（2）次に、$r \to \infty$ とすると、半円 Γ も無限に大きくなりますが、その結果

$$\lim_{r \to \infty} \int_\Gamma \frac{1}{z^2+4} dz = 0$$

となることを証明します。

（3）すると（6-4）式の右辺の第2項はゼロになるので

171

$$\lim_{r \to \infty} \int_C \frac{1}{z^2+4} dz = \lim_{r \to \infty} \int_{-r}^{r} \frac{1}{z^2+4} dz$$

が成り立ちます。左辺の積分の値は留数定理によって求められて、$r \to \infty$ としても閉曲線 C 内の特異点の数は変わらないので、積分の値は変わりません。一方、右辺は

$$\lim_{r \to \infty} \int_{-r}^{r} \frac{1}{z^2+4} dz = \int_{-\infty}^{\infty} \frac{1}{z^2+4} dz$$

$$= \int_{-\infty}^{\infty} \frac{1}{x^2+4} dx$$

(積分経路は実軸上なので)

と変形できて求めたい実積分に対応します。よって、「左辺=右辺」の関係から (6-3) 式の積分が求められるというわけです。

では、この戦略に従って解いていきましょう。まず、(1) のプロセスですが、すでに見たように特異点は $z=2i$ と $z=-2i$ です。積分経路の半円は $r>2$ として図 6-2 のようにとっているので $z=2i$ が閉曲線 C の内側にあります。したがって、留数定理に従うと (6-4) 式の左辺の積分は

$$\int_C \frac{1}{z^2+4} dz = 2\pi i \, R(2i)$$

となります。この留数は1位の極なので、(5-15)式を使うと

$$R(2i) = \lim_{z \to 2i}(z-2i)\frac{1}{z^2+4}$$

$$= \lim_{z \to 2i}(z-2i)\frac{1}{(z-2i)(z+2i)}$$

$$= \lim_{z \to 2i}\frac{1}{z+2i}$$

$$= \frac{1}{4i}$$

となるので、

$$\int_C \frac{1}{z^2+4}dz = 2\pi i R(2i) = \frac{2\pi i}{4i} = \frac{\pi}{2} \tag{6-5}$$

が得られます。

次に(2)のプロセスで、半円 Γ の経路の積分がゼロになることを証明しましょう。半円 Γ 上の変数 z を半径 r と角 θ の極座標表示で

$$z = re^{i\theta}$$

で表します。この両辺を偏角 θ で微分すると

$$\frac{dz}{d\theta} = r\frac{d}{d\theta}e^{i\theta}$$

$$= ire^{i\theta}$$

となるので、この式を変形して

$$dz = ire^{i\theta}d\theta$$

が得られます。また、半円の積分経路は角 0 から π (=180度) までです。よって、半円の部分の積分はこれらを代入して

$$\int_r \frac{1}{z^2+4}dz = \int_0^\pi \frac{1}{z^2+4}ire^{i\theta}d\theta$$

$$= \int_0^\pi \frac{1}{r^2e^{2i\theta}+4}ire^{i\theta}d\theta$$

$$= \int_0^\pi \frac{1}{re^{i\theta}+\frac{4}{r}e^{-i\theta}}id\theta$$

となります。この両辺の絶対値をとり、(4-5) 式と同様に三角不等式を使い、さらに (2-11) 式を使うと

$$\left|\int_r \frac{1}{z^2+4}dz\right| \leq \int_0^\pi \left|\frac{1}{re^{i\theta}+\frac{4}{r}e^{-i\theta}}i\right|d\theta$$

$$= \int_0^\pi \left|\frac{1}{re^{i\theta}+\frac{4}{r}e^{-i\theta}}\right||i|d\theta$$

$$= \int_0^\pi \left|\frac{1}{re^{i\theta}+\frac{4}{r}e^{-i\theta}}\right|d\theta$$

となります ($|i|=1$ なので)。$r \to \infty$ の場合には、分母の第 2 項の $\frac{4}{r}$ は無限に小さくなるので

$$\lim_{r\to\infty}\int_0^\pi \left|\frac{1}{re^{i\theta}+\frac{4}{r}e^{-i\theta}}\right|d\theta = \lim_{r\to\infty}\int_0^\pi \left|\frac{1}{re^{i\theta}}\right|d\theta$$

$$= \lim_{r\to\infty}\int_0^\pi \frac{1}{|r|}\frac{1}{|e^{i\theta}|}d\theta$$

$$= \lim_{r\to\infty}\int_0^\pi \frac{1}{r}d\theta$$

$$(|e^{i\theta}|=1, |r|=r \text{ なので})$$

$$= \lim_{r\to\infty}\frac{1}{r}\int_0^\pi 1\,d\theta$$

$$= \lim_{r\to\infty}\frac{\pi}{r}$$

$$= 0$$

となり、よって半円の積分がゼロになることが証明されました。

よって (6-4) 式は

$$\lim_{r\to\infty}\int_C \frac{1}{z^2+4}dz = \lim_{r\to\infty}\int_{-r}^{r}\frac{1}{z^2+4}dz$$

となり、(6-5) 式から

$$\lim_{r\to\infty}\int_{-r}^{r}\frac{1}{z^2+4}dz = \frac{\pi}{2}$$

が得られるので (6-3) 式の積分は $\pi/2$ です。

(6-3) 式の被積分関数では、変数 x の分母の次数は 2 で、

分子の次数はゼロです。このように被積分関数が有理関数であり、その分母の次数が分子の次数より2以上大きい場合には、一般に半円上の経路の積分からの寄与をゼロにできます。

C. 実軸上を積分経路とする有理関数のフーリエ変換型積分

3つ目の例として、実軸上を積分経路とする有理関数のフーリエ変換型積分を見てみましょう。積分経路は先ほどと同じで、実軸上の $-\infty$ から $+\infty$ までです。例として次の積分を考えます。

$$\int_{-\infty}^{\infty} \frac{e^{iax}}{x-i} dx \quad (a は正の実数) \tag{6-6}$$

積分経路は実軸上なので、次式のように実数の変数 x を複素変数 z に置き換えられます。

$$\int_{-\infty}^{\infty} \frac{e^{iax}}{x-i} dx = \int_{-\infty}^{\infty} \frac{e^{iaz}}{z-i} dz$$

右辺の被積分関数の特異点は、分母の $z-i$ がゼロになるところなので、$z=i$ です。

ここで積分経路である閉曲線 C としては、先ほどの図6-2と類似で半円 Γ と実軸上の $-r$ から r までの実軸上の積分経路を考えます（ただし、特異点 $z=i$ を半円内に含むように半径 $r>1$ とします）。したがって、

第 6 章 留数定理の応用

$$\int_C \frac{e^{iaz}}{z-i}dz = \int_{-r}^{r} \frac{e^{iaz}}{z-i}dz + \int_\Gamma \frac{e^{iaz}}{z-i}dz \qquad (6\text{-}7)$$

という積分を考えることになります。そして計算の戦略も以下のように先ほどとほとんど同じです。

(1) 閉曲線 C 内の特異点は $z=i$ で、これは 1 位の極なので、次のように留数を求められます。

$$\begin{aligned}
\int_C \frac{e^{iaz}}{z-i}dz &= 2\pi i R(i) \\
&= \lim_{z \to i} \left\{ 2\pi i (z-i) \frac{e^{iaz}}{z-i} \right\} \\
&= \lim_{z \to i} (2\pi i\, e^{iaz}) \\
&= 2\pi i e^{-a} \qquad (6\text{-}8)
\end{aligned}$$

(2) 次に、$r \to \infty$ とすると、半円 Γ も無限に大きくなりますが、その結果

$$\lim_{r \to \infty} \int_\Gamma \frac{e^{iaz}}{z-i}dz = 0 \qquad (6\text{-}9)$$

となることを証明します。

これも先ほどと同じく、半円 Γ 上の変数 z を半径 r と角 θ の極形式

$$z = re^{i\theta}$$

で表すことにすると

$$\int_r \frac{e^{iaz}}{z-i}dz = \int_0^\pi \frac{e^{iaz}}{z-i}ire^{i\theta}d\theta$$

となり、分子の指数関数の肩の z にオイラーの公式を使うと

$$= \int_0^\pi \frac{e^{iar(\cos\theta+i\sin\theta)}}{z-i}ire^{i\theta}d\theta$$

$$= \int_0^\pi \frac{1}{z-i}ire^{-ar\sin\theta}e^{i(ar\cos\theta+\theta)}d\theta$$

となります。この右辺の絶対値をとり三角不等式を使うと

$$\left|\int_0^\pi \frac{1}{z-i}ire^{-ar\sin\theta}e^{i(ar\cos\theta+\theta)}d\theta\right|$$

$$\leq \int_0^\pi \frac{1}{|z-i|}|i||re^{-ar\sin\theta}||e^{i(ar\cos\theta+\theta)}|d\theta \quad (6\text{-}10)$$

の不等式が成り立ちます。

$$|i|=1, \quad |re^{-ar\sin\theta}|=re^{-ar\sin\theta}, \quad |e^{i(ar\cos\theta+\theta)}|=1$$

の関係を使うと

$$(6\text{-}10)\text{ 式の右辺} = \int_0^\pi \frac{r}{|re^{i\theta}-i|}e^{-ar\sin\theta}d\theta$$

となります。$r\to\infty$ の場合には、分母は

$$|re^{i\theta}-i| \cong r$$

(「$\cong$」は「ほぼ等しい」を表します)

になるので

$$\frac{r}{|re^{i\theta}-i|} \cong 1$$

になることがわかります。したがって、これは例えば2よりは小さいので（6-10）式の右辺について

$$\lim_{r\to\infty}\int_0^\pi \frac{r}{|re^{i\theta}-i|}e^{-ar\sin\theta}d\theta < \lim_{r\to\infty}2\int_0^\pi e^{-ar\sin\theta}d\theta$$

が成り立ちます。

続いてこの不等式の右辺の積分について考えると、積分経路を0から$\frac{\pi}{2}$までと$\frac{\pi}{2}$からπまでに分けると

$$\int_0^\pi e^{-ar\sin\theta}d\theta = \int_0^{\frac{\pi}{2}} e^{-ar\sin\theta}d\theta + \int_{\frac{\pi}{2}}^\pi e^{-ar\sin\theta}d\theta$$

となります。図6-3のサインの曲線からわかるように、θが0から$\pi/2$まで変わる間に$\sin\theta$は0から1まで変わり、また、θが$\pi/2$からπまで変わる間に$\sin\theta$は1から0まで変わるので、この右辺の第1項と第2項の積分の値（被積分関数$e^{-ar\sin\theta}$の曲線と横軸の間の面積に相当します）は同じになります。よって、

$$\int_0^\pi e^{-ar\sin\theta}d\theta = 2\int_0^{\frac{\pi}{2}} e^{-ar\sin\theta}d\theta$$

となります。そして、θが0から$\pi/2$まで変化する場合には、図6-3のように（実線が $y=\sin\theta$ の曲線で点線が y

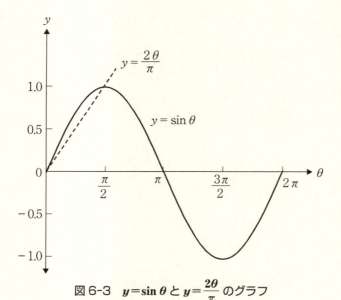

図6-3 $y = \sin\theta$ と $y = \dfrac{2\theta}{\pi}$ のグラフ

$= 2\theta/\pi$ の正比例の直線です)

$$\frac{2\theta}{\pi} < \sin\theta$$

の関係があるので、これらを指数関数の肩に乗せると

$$e^{-ar\sin\theta} < e^{-ar\frac{2\theta}{\pi}}$$

の関係が成り立ちます。よって

$$2\int_0^{\frac{\pi}{2}} e^{-ar\sin\theta} d\theta < 2\int_0^{\frac{\pi}{2}} e^{-ar\frac{2\theta}{\pi}} d\theta$$

の関係が得られます。この不等式の右辺は積分できて

$$2\int_0^{\frac{\pi}{2}} e^{-ar\frac{2\theta}{\pi}} d\theta = -\frac{2}{ar\dfrac{2}{\pi}}\Big[e^{-ar\frac{2\theta}{\pi}}\Big]_0^{\frac{\pi}{2}}$$

$$= \frac{\pi}{ar}(1-e^{-ar})$$

となります。よって、ここまでの関係をまとめると

$$\lim_{r\to\infty}\left|\int_\Gamma \frac{e^{iaz}}{z-i}dz\right| < \lim_{r\to\infty}\left\{\frac{2\pi}{ar}(1-e^{-ar})\right\}$$

となります。$r\to\infty$ の場合には、右辺では $2\pi/ar$ と e^{-ar} がともに 0 に収束するので右辺全体も 0 に収束します。よって、(6-9) 式が証明できました。

(3) あとは留数定理による (1) の結果の (6-8) 式を使って

$$\int_{-\infty}^{\infty} \frac{e^{iax}}{x-i}dx = 2\pi i\, e^{-a}$$

となります。

(6-6) 式でフーリエ変換型の指数関数 e^{iax} を除いた被積分関数 $1/(x-i)$ では、変数 x の分母の次数は 1 で、分子の次数はゼロです。このように e^{iax} を除いた被積分関数が有理関数であってその分母の次数が分子の次数より 1 以上大きい場合には、一般に、半円上の経路の積分からの寄与をゼロにできます。

さて本章では、実関数の積分に複素積分が応用できることを見てきました。この種の積分には様々なバリエーションがあり、他にも数多くの応用例があります。これが複素積分の大きなメリットの1つです。

◆**付属問題6**

次式の積分を求めてください。

$$\int_0^\infty \frac{\sin x}{x} dx$$

リウヴィル

リウヴィルは1809年にフランス北部の町サントメールに生まれました。父はナポレオン軍の将校でした。

コーシーなどの超一流の数学者たちが集まっているパリのエコール・ポリテクニクに1825年に入学し、1827年に卒業しました。1831年にエコール・ポリテクニクの助手となり、1838年に教授になりました。博士号はポアソンらの指導の下に1836年にとりました。1839年にはアカデミー会員に選ばれています。

1836年には数学の学術誌である純粋・応用数学ジャーナル（Journal de Mathématiques Pures et Appliquées）を創刊しました。当時、学術誌としては1826年に創刊されたクレレ誌（正式名称は、Journal für die reine und angewandte Mathematik で、訳すと「純粋・応用数学ジャーナル」）が著名でしたが、フランス語の学術誌が限られていることに不満を感じていたようです。クレレ誌という呼び名が、創刊者クレレの名にちなんでいるように、リウヴィルの創刊によるこのジャーナルもリウヴィル誌と呼ばれています。

　リウヴィルはガロアの論文を見出したことでも有名です。1842 年ごろからリウヴィルはガロアの兄弟から預かった未発表の論文を読み始め、それまでガロアより年長の一流の数学者たちが見逃していた重要性に気づきました。リウヴィルはガロアとはわずか 2 歳違いで、ガロアの試験監督を務めたことがあると後年に語っています。1846 年にリウヴィルは自らの学術誌にガロアの論文を発表しました。

　リウヴィルは数学と物理学ですばらしい業績を残しまし

Joseph Liouville

た。「リウヴィルの定理」は数学と物理学の分野で3つもあります。1800年代の前半は、フランス革命後の社会的混乱や結核、コレラなどの伝染病によって、若くして世を去った研究者が少なくありません。リウヴィルも若い時には健康上の問題があり、エコール・ポリテクニク卒業後に進学した国立土木学校は卒業できませんでした。しかし、その後は健康を回復し、一時はわずか1年間ながら国会議員にもなり、1882年に73歳で没しました。

第7章

複素関数論の応用——等角写像と調和関数

■等角写像

前章で複素積分が実関数の積分に役立つことを見ました。複素関数論は物理学でも大活躍しています。その例として、本章では等角写像と調和関数について見てみましょう。まず、等角写像です。

等角写像は、「等角」という言葉から、「何かの角度が等しいのだろう」と推測できると思います。ここでは、領域 D で正則な関数 $w=f(z)$ について考えてみます。この関数に、変数 z を入力すると w が得られます。z も w も複素平面上にありますが、両者を混同しないように図7-1では、2つの複素平面に分けて書いています。この左の複素平面を z 平面と呼び、右の複素平面を w 平面と呼びます。左の複素平面上の複素数 z は関数 $f(z)$ によって、右の複素平面上の複素数 w に変換されるわけですが、このような関係を**写像**と呼びます。

図7-1の左の複素平面のように、領域 D 内に2つの曲線 C_1 と C_2 があり、点 z_0 で交差しているとします。また、このとき2つの曲線の交わる角度を θ とします。この2つの曲線を正則な関数 $w=f(z)$ によって写像すると、図7-1の右の複素平面のように、2つの曲線 C_1' と C_2' に変換されます。そして、2つの曲線の交わる角度を θ' とします。このとき

$$|\theta| = |\theta'|$$

の関係が成り立ち、しかも、

第7章　複素関数論の応用

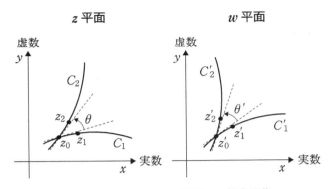

図 7-1　z 平面から w 平面への等角写像

曲線 C_1 から曲線 C_2 への回転の向きと、
曲線 C_1' から C_2' への回転の向きが等しい

という関係があります。つまり、角の正負を含めて書くと

$$\theta = \theta'$$

となります。これが**等角写像**です。ただし、この写像では $f'(z_0) \neq 0$ という条件が付きます。

この一見不思議な関係が成り立っているかどうかを、計算で確認してみましょう。

まず、図 7-1 で z 平面上の曲線 C_1 上にあって交点 z_0 に近い点を z_1 とし、曲線 C_2 上にあって交点 z_0 に近い点を z_2 とします。また、同様に w 平面上の交点 z_0' と点 z_1' と点 z_2' も定義します。なお、図中の点線は交点でのそれぞれの

曲線の接線を表しています。次に付属問題 2 で「2 つの偏角の差」が「複素数の割り算の偏角」で表されたことを思い出しましょう。同様に考えれば、z 平面の点 z_0 でなす角は

$$\arg\left(\frac{z_2 - z_0}{z_1 - z_0}\right)$$

であり、w 平面の交点 z_0' でなす角は

$$\arg\left(\frac{z_2' - z_0'}{z_1' - z_0'}\right) \tag{7-1}$$

となります。

一方、これらの点は、正則な関数 $w = f(z)$ の写像の関係にあるので、

$$z_0' = f(z_0)$$
$$z_1' = f(z_1)$$
$$z_2' = f(z_2)$$

の関係があります。また、点 z_1' と点 z_2' は交点 z_0' に限りなく近い位置にあるので、導関数 $f'(z)$ は次式のように表されます。

$$f'(z_0) \cong \frac{f(z_1) - f(z_0)}{z_1 - z_0} = \frac{z_1' - z_0'}{z_1 - z_0}$$

これから

$$z_1' \cong f'(z_0)(z_1-z_0)+z_0' \tag{7-2}$$

が得られます。また、同様に

$$z_2' \cong f'(z_0)(z_2-z_0)+z_0' \tag{7-3}$$

となります。よって、(7-1) 式に (7-2) 式と (7-3) 式を代入すると、曲線 C_1' と C_2' のなす角は

$$\arg\left(\frac{z_2'-z_0'}{z_1'-z_0'}\right) = \arg\left(\frac{f'(z_0)(z_2-z_0)}{f'(z_0)(z_1-z_0)}\right) = \arg\left(\frac{z_2-z_0}{z_1-z_0}\right) \tag{7-4}$$

となり、曲線 C_1 と C_2 のなす角と等しいことがわかります。これで、等角写像の定理が証明できました。

ただし、$f'(z_0)=0$ の場合には (7-2) 式と (7-3) 式から、$z_1'-z_0'=0$ と $z_2'-z_0'=0$ となり (7-4) 式が成り立たなくなるので、$f'(z_0)\neq 0$ でなければならないという条件が付きます。また、微分 $f'(z_0)$ を使うので、$w=f(z)$ は正則な(微分可能な)関数でなければならないという条件も付きます。

■ 2次元翼理論

この等角写像が活躍している分野の1つは流体力学です。流体力学では、飛行機の翼の揚力を計算するために2次元翼理論が生まれました。19世紀の後半から20世紀の頭にかけて、ドイツのリリエンタールやアメリカのライト兄弟らによって、飛行機の研究開発が進められました。その中心となる翼の揚力の計算は、飛行機の設計上は極めて

重要です。しかし、その計算は簡単ではありませんでした。

　実際の飛行機の翼は3次元的な構造をしていますが、2次元翼理論では翼の断面だけを切り出して揚力を計算します。この翼の揚力を計算する方法として、ジューコフスキー変換と呼ばれる写像が使われます。このジューコフスキー変換は等角写像です。

　2次元翼理論では、翼に働く揚力を求める際に、まず、「ある流れ」の中にある円柱について複素速度ポテンシャル（次節で紹介します）という物理量を計算し、続いて「等角写像であるジューコフスキー変換」を使って円柱を翼の形に変換します。

　ジューコフスキー変換は関数の形としては簡単で

$$Z = z + \frac{a^2}{z} \tag{7-5}$$

というものです。変換前の複素変数を小文字で書き、変換後の複素変数を大文字で書くことにします。変換前の座標 (x, y) と変換後の座標 (X, Y) の関係は、

$$z = x + iy$$
$$Z = X + iY$$

です。これらをジューコフスキー変換の (7-5) 式の両辺に代入すると

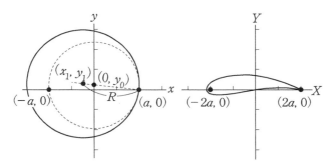

図 7-2 円柱(左図)をジューコフスキー翼(右図)に変換した例

$$X+iY = x+iy+\frac{a^2}{x+iy}$$

となります。

　図 7-2 は、円柱（左図）をジューコフスキー翼（右図）に変換した例です。右図は、ジューコフスキー翼の断面を表していますが、上面が上に凸で、下面もわずかに上に凸の形をしています。この「上に凸の形状」が揚力の発生にとって重要なことは、リリエンタールが鳥の翼を観察して見つけました。

　ジューコフスキー変換を行うのは、円柱に対してだけではなく、円柱のまわりの複素速度ポテンシャルにもジューコフスキー変換を行います。すると、ジューコフスキー変換によって等角写像された複素速度ポテンシャルが、都合のよいことに、ジューコフスキー翼のまわりの複素速度ポテンシャルに変換されるという関係があります。翼のまわ

りの複素速度ポテンシャルがわかると、翼に働く揚力が計算できます（このあたりの詳細にご関心のある方は、拙著の『高校数学でわかる流体力学』をご覧ください）。

■複素速度ポテンシャル

複素速度ポテンシャルにも簡単に触れておきましょう。複素速度ポテンシャル w は、速度ポテンシャル ϕ と流れ関数 ψ という2つの関数が、次式のように実部と虚部にある関数です。

$$w = \phi + i\psi \tag{7-6}$$

「ポテンシャル」という名が付いているのは、力学のポテンシャルエネルギー（位置エネルギー）に似ているからです。

ポテンシャルエネルギー U を x または y で偏微分すると、x 成分または y 成分の力 F_x または F_y が求められます。数式で書くと

$$\frac{\partial U}{\partial x} = F_x \quad \text{または} \quad \frac{\partial U}{\partial y} = F_y$$

です。

これと異なり、**速度ポテンシャル**は、座標 x または y で偏微分すると x 成分または y 成分の速度 v_x または v_y が求められるという関数です。微分すると別の物理量が現れるという性質が似ていることから「ポテンシャル」と名づけられていますが、微分によって得られるのが「力」ではな

く「速度」なので、「速度ポテンシャル」と呼ばれます。速度ポテンシャルをギリシア文字のファイの小文字を用いて ϕ と書くことにすると、この関係は

$$\frac{\partial \phi}{\partial x} = v_x, \quad \frac{\partial \phi}{\partial y} = v_y$$

と表されます。

もう1つの**流れ関数**も、偏微分すると速度が求められるという性質を持っていて、これは速度ポテンシャルに似ています。ただし、x 成分や y 成分の関係が異なっています。流れ関数をギリシア文字のプサイの小文字を用いて ψ と書くことにすると、流れ関数を座標 x または y で偏微分した場合の関係は、

$$\frac{\partial \psi}{\partial x} = -v_y, \quad \frac{\partial \psi}{\partial y} = v_x$$

となります。x で偏微分すると y 成分の速度がマイナス記号つきで求められ、y で偏微分すると x 成分の速度が求められます。

流れ関数にはまた、「流れ関数の値が一定である位置を線でつなぐと**流線**になる」という性質があります。

速度ポテンシャルと流れ関数はともに微分すると速度が求められるという関係なので、この2つの関数によって構成される (7-6) 式の複素速度ポテンシャルも微分可能である (つまり正則である) ことが求められます。したがって、(7-6) 式はコーシー・リーマンの関係式を満たす必要があ

ります。第3章で見たように、コーシー・リーマンの関係式を満たす場合には、ϕ と ψ は調和関数になるので、ラプラス方程式を満たすということになります。

■複素速度ポテンシャルの具体例

複素速度ポテンシャルの具体例を1つだけ見てみましょう。最も簡単で重要な「一様な流れ」です。一様な流れとは、直線的に同じ速さで同じ方向に流れているものです。この一様な流れの複素速度ポテンシャル w は、

$$w = (a+ib)(x+iy) \tag{7-7}$$

という簡単な形をしています。ここで、a と b は流れの方向を表す定数です。

この関数の性質を見るために（7-7）式を展開すると、

$$w = ax - by + i(ay + bx)$$

となります。前節で見たように、これを x か y で偏微分すれば速度が得られます。よって、

$$\frac{\partial w}{\partial x} = \frac{\partial}{\partial x}\{ax - by + i(ay + bx)\}$$
$$= a + ib$$

となり、

$$v_x = a \tag{7-8}$$

第 7 章 複素関数論の応用

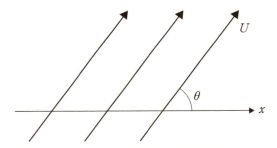

図 7-3 速さが U で x 軸とのなす角が $θ$ である一様な流れ

$$v_y = -b \qquad (7\text{-}9)$$

が得られます。つまり、この流れは x 方向の速さが a で y 方向の速さが $-b$ の一様な流れを表していることがわかります。

図 7-3 のように速さが U で x 軸となす角が $θ$ である一様な流れでは

$$v_x = U \cos θ$$
$$v_y = U \sin θ$$

の関係が成り立つので、(7-8) 式と (7-9) 式から

$$v_x = a = U \cos θ$$
$$v_y = -b = U \sin θ$$

となります。なお、ここで速さを表す変数に U を選んだのは、「一様」の英語 uniform にちなんでいます。この 2 つ

の式とオイラーの公式を使うと (7-7) 式は

$$w = (a+ib)(x+iy) = (U\cos\theta - iU\sin\theta)(x+iy)$$
$$= Ue^{-i\theta}(x+iy)$$
$$= Ue^{-i\theta}z$$

と書けます。これは一様な流れを表す複素速度ポテンシャルの極形式による表現です。

■調和関数

複素速度ポテンシャルを構成する速度ポテンシャルと、流れ関数が調和関数であることを前々節で見ました。流体力学における複素速度ポテンシャルと同様の複素関数を、電磁気学でも使います。電磁気学では、「複素ポテンシャル」という複素関数を使い (7-6) 式の ϕ として電位 (「静電ポテンシャル」) を使います。この ϕ は、第3章で見たように、コーシー・リーマンの関係式から次式を満たす調和関数になります。

$$\frac{\partial^2 \phi}{\partial x^2} + \frac{\partial^2 \phi}{\partial y^2} = 0 \tag{7-10}$$

この方程式は、電磁気学では、空間に電荷がない場合のラプラス方程式に対応します (詳しくは付録参照)。

このラプラス方程式は他に熱伝導の方程式にも対応する応用範囲の広い方程式なので、最も簡単な場合を例にとってこの方程式を解いてみましょう。ここでは、電磁気学を想定して図 7-4 のように、2つの金属板が距離 h 隔てて平

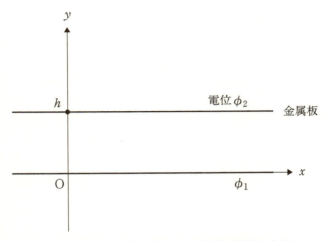

図 7-4　2つの金属板に挟まれた空間の電位を求める

行に並んでいるとします。この2つの金属板は無限に広いと仮定し、上面の電位を ϕ_2 とし、下面の電位を ϕ_1 とします。このときこの2つの金属板で挟まれた空間でのポテンシャルを求めてみましょう。

ここでは金属板は x 方向と紙面に垂直な方向には無限に広がっているので、この2つの方向の電位に変化はないと考えられます。したがって、(7-10) 式のラプラス方程式では x 方向の偏微分はゼロとなり

$$\frac{\partial^2 \phi}{\partial y^2} = 0$$

を解けばよいということになります。この方程式は、y で

2回微分するとゼロになることから、n 次多項式を解として想定すると、解は1次式であると考えられます。よって、

$$\phi \equiv ay + b$$

と置くことにします。あとは、上面での電位が ϕ_2 であり、下面での電位が ϕ_1 であるという境界条件から、次の2つの式が成り立ちます。

$$\phi_2 = ah + b$$
$$\phi_1 = a \times 0 + b = b$$

これを解くと

$$\phi_2 = ah + \phi_1$$
$$\therefore a = \frac{\phi_2 - \phi_1}{h}$$

となり、

$$\phi = \frac{\phi_2 - \phi_1}{h} y + \phi_1$$

が得られます。2つの金属板の間の電位はこの式から線形に変化することがわかります。これが最も簡単な場合の一例です。

本章では、複素関数論の物理学への応用を少しのぞいてみました。複素関数論は流体力学や電磁気学などで活躍し

ていますが、それぞれの分野ではさらに幅広い発展があります。もちろんその発展を本書で詳述することは紙面の関係において到底不可能です。しかし、読者の皆さんがさらに専門書を手に取って個々の専門分野に進む際には、本書で身に付けた知識が力強く前進を助けてくれることでしょう。

付属問題解答

◆付属問題 1

次式

$$|z-2-i| = |z-(2+i)| = 2$$

は中心が複素平面上の $2+i$ にある半径 2 の円を表しています。これを図示すると図 F-1 になります。

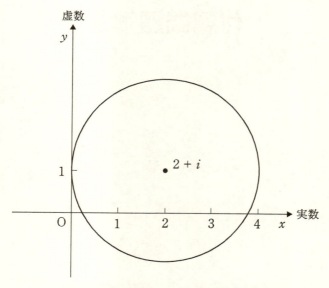

図 F-1　複素平面上の点 $2+i$ に中心のある半径 2 の円

◆付属問題 2

z_1 と z_2 を極形式の次の式で表すことにします。

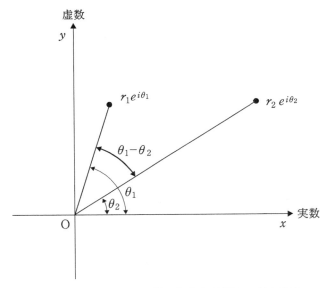

図 F-2 「複素数の割り算の偏角」は偏角の差を表す

$$z_1 = r_1 e^{i\theta_1} \quad と \quad z_2 = r_2 e^{i\theta_2}$$

それぞれの偏角の θ_1 と θ_2 は図 F-2 のように実軸となす角度です。

$$\arg\left(\frac{z_1}{z_2}\right) = \theta_1 - \theta_2 = \arg(z_1) - \arg(z_2) \quad (2\text{-}12)$$

より、「複素数の割り算の偏角」は θ_1 と θ_2 の偏角の差である $\theta_1 - \theta_2$ を表していることがわかります。よって、$\theta_1 - \theta_2$ は図 F-2 のようになります。

◆付属問題3

 第3章(付録を含む)までに登場した極形式に関係する数式をまとめると

$$x+iy = r(\cos\theta + i\sin\theta)$$
$$F = \phi + i\psi$$
$$r = \sqrt{x^2+y^2}$$
$$q = \tan\theta = \frac{y}{x}$$
$$\theta = \tan^{-1}\frac{y}{x}$$
$$\frac{d}{dq}\tan^{-1}q = \cos^2\theta = \frac{1}{1+\tan^2\theta} = \frac{1}{1+q^2}$$

になります。これらを使ってコーシー・リーマンの関係式 (3-4) と (3-5) 式を書き替えます。

$$\frac{\partial\phi}{\partial x} = \frac{\partial\psi}{\partial y} \tag{3-4}$$

$$\frac{\partial\psi}{\partial x} = -\frac{\partial\phi}{\partial y} \tag{3-5}$$

r と θ は、変数 x と y の関数なので、(3-4) 式の左辺に合成関数の微分公式を使うと

$$\frac{\partial\phi}{\partial x} = \frac{\partial\phi}{\partial r}\frac{\partial r}{\partial x} + \frac{\partial\phi}{\partial\theta}\frac{\partial\theta}{\partial x}$$

となります。次にこの右辺の $\partial r/\partial x$ と $\partial\theta/\partial x$ を求めます。すると

$$\frac{\partial r}{\partial x} = \frac{\partial}{\partial x}\sqrt{x^2+y^2} = \frac{1}{2}\frac{2x}{\sqrt{x^2+y^2}} = \frac{x}{\sqrt{x^2+y^2}} = \frac{x}{r}$$

$$\frac{\partial \theta}{\partial x} = \frac{\partial}{\partial x}\tan^{-1}\frac{y}{x} = -\frac{y}{x^2}\frac{1}{1+\left(\frac{y}{x}\right)^2}$$

$$= -\frac{y}{x^2+y^2} = -\frac{y}{r^2}$$

が得られます。よって、

$$\frac{\partial \phi}{\partial x} = \frac{\partial \phi}{\partial r}\frac{\partial r}{\partial x} + \frac{\partial \phi}{\partial \theta}\frac{\partial \theta}{\partial x}$$

$$= \frac{\partial \phi}{\partial r}\frac{x}{r} - \frac{\partial \phi}{\partial \theta}\frac{y}{r^2}$$

となります。

続いて(3-4)式の右辺に合成関数の微分公式を使うと

$$\frac{\partial \psi}{\partial y} = \frac{\partial \psi}{\partial r}\frac{\partial r}{\partial y} + \frac{\partial \psi}{\partial \theta}\frac{\partial \theta}{\partial y}$$

となり、同様に

$$\frac{\partial r}{\partial y} = \frac{\partial}{\partial y}\sqrt{x^2+y^2} = \frac{1}{2}\frac{2y}{\sqrt{x^2+y^2}} = \frac{y}{\sqrt{x^2+y^2}} = \frac{y}{r}$$

$$\frac{\partial \theta}{\partial y} = \frac{\partial}{\partial y}\tan^{-1}\frac{y}{x} = \frac{1}{x}\frac{1}{1+\left(\frac{y}{x}\right)^2} = \frac{x}{x^2+y^2} = \frac{x}{r^2}$$

を求めて、代入すると

$$\frac{\partial \psi}{\partial y} = \frac{\partial \psi}{\partial r}\frac{y}{r} + \frac{\partial \psi}{\partial \theta}\frac{x}{r^2}$$

となります。よって、(3-4) 式は

$$\frac{\partial \phi}{\partial r}\frac{x}{r} - \frac{\partial \phi}{\partial \theta}\frac{y}{r^2} = \frac{\partial \psi}{\partial r}\frac{y}{r} + \frac{\partial \psi}{\partial \theta}\frac{x}{r^2} \qquad \text{(F-1)}$$

と書き換えられます。

同様に (3-5) 式も計算すると

$$\frac{\partial \psi}{\partial x} = \frac{\partial \psi}{\partial r}\frac{\partial r}{\partial x} + \frac{\partial \psi}{\partial \theta}\frac{\partial \theta}{\partial x}$$

$$= \frac{\partial \psi}{\partial r}\frac{x}{r} - \frac{\partial \psi}{\partial \theta}\frac{y}{r^2}$$

$$\frac{\partial \phi}{\partial y} = \frac{\partial \phi}{\partial r}\frac{\partial r}{\partial y} + \frac{\partial \phi}{\partial \theta}\frac{\partial \theta}{\partial y}$$

$$= \frac{\partial \phi}{\partial r}\frac{y}{r} + \frac{\partial \phi}{\partial \theta}\frac{x}{r^2}$$

となり、

$$\frac{\partial \psi}{\partial r}\frac{x}{r} - \frac{\partial \psi}{\partial \theta}\frac{y}{r^2} = -\frac{\partial \phi}{\partial r}\frac{y}{r} - \frac{\partial \phi}{\partial \theta}\frac{x}{r^2} \qquad \text{(F-2)}$$

と書き換えられます。(F-1) 式に x をかけ、(F-2) 式に y をかけて

$$\frac{\partial \phi}{\partial r}\frac{xx}{r} - \frac{\partial \phi}{\partial \theta}\frac{xy}{r^2} = \frac{\partial \psi}{\partial r}\frac{xy}{r} + \frac{\partial \psi}{\partial \theta}\frac{xx}{r^2}$$

$$\frac{\partial \psi}{\partial r}\frac{xy}{r} - \frac{\partial \psi}{\partial \theta}\frac{yy}{r^2} = -\frac{\partial \phi}{\partial r}\frac{yy}{r} - \frac{\partial \phi}{\partial \theta}\frac{xy}{r^2}$$

足し合わせると

$$\frac{\partial \phi}{\partial r}r = \frac{\partial \psi}{\partial \theta}$$

が得られます。

次に、(F-1) 式に y をかけ、(F-2) 式に x をかけて

$$\frac{\partial \phi}{\partial r}\frac{xy}{r} - \frac{\partial \phi}{\partial \theta}\frac{yy}{r^2} = \frac{\partial \psi}{\partial r}\frac{yy}{r} + \frac{\partial \psi}{\partial \theta}\frac{xy}{r^2}$$

$$\frac{\partial \psi}{\partial r}\frac{xx}{r} - \frac{\partial \psi}{\partial \theta}\frac{xy}{r^2} = -\frac{\partial \phi}{\partial r}\frac{xy}{r} - \frac{\partial \phi}{\partial \theta}\frac{xx}{r^2}$$

引くと

$$-\frac{\partial \phi}{\partial \theta}\frac{yy}{r^2} - \frac{\partial \psi}{\partial r}\frac{xx}{r} = \frac{\partial \psi}{\partial r}\frac{yy}{r} + \frac{\partial \phi}{\partial \theta}\frac{xx}{r^2}$$

$$\therefore -\frac{\partial \psi}{\partial r}r = \frac{\partial \phi}{\partial \theta}$$

が得られます。よって、極形式のコーシー・リーマンの関係式が導かれました。

◆付属問題 4

(4-22) 式の積分では、まず被積分関数を以下のように変形します。

$$e^{-at^2}e^{-i\omega t} = e^{-at^2-i\omega t} = e^{-a\left(t+\frac{i\omega}{2a}\right)^2+a\left(\frac{i\omega}{2a}\right)^2}$$

これを (4-22) 式に代入すると

$$G(\omega) = \frac{e^{a\left(\frac{i\omega}{2a}\right)^2}}{\sqrt{2\pi}} \int_{-\infty}^{\infty} e^{-a\left(t+i\frac{\omega}{2a}\right)^2} dt$$

$$= \frac{e^{-\frac{\omega^2}{4a}}}{\sqrt{2\pi}} \int_{-\infty}^{\infty} e^{-a\left(t+i\frac{\omega}{2a}\right)^2} dt \quad \text{(F-3)}$$

となります。この積分の t の範囲は $-\infty$ から $+\infty$ ですが、次式のように積分範囲を $-R$ から R までとし、この R を無限大にとっても積分の値は同じです。

$$\int_{-\infty}^{\infty} e^{-a\left(t+i\frac{\omega}{2a}\right)^2} dt = \lim_{R\to\infty} \int_{-R}^{R} e^{-a\left(t+i\frac{\omega}{2a}\right)^2} dt$$

また、この右辺の指数関数の肩の $t+i\omega/2a$ は、$-R$ から $+R$ までの t の積分範囲で、$-R+i\omega/2a$ から $R+i\omega/2a$ まで変化します。ということは被積分関数を e^{-az^2} とおいて、複素変数 z の積分範囲を $-R+i\omega/2a$ から $+R+i\omega/2a$ までとした次式の右辺と同じ積分になります。

$$\int_{-R}^{R} e^{-a\left(t+i\frac{\omega}{2a}\right)^2} dt = \int_{-R+i\frac{\omega}{2a}}^{R+i\frac{\omega}{2a}} e^{-az^2} dz \quad \text{(F-4)}$$

この関係を頭に入れておいて、次に関数 $f(z)=e^{-az^2}$ の積分経路を複素平面上で図 F-3 のようにとることにします。このとき関数 $f(z)$ はこの積分経路の内側のどこででも正則（つまり微分可能）なので、コーシーの積分定理が成り立ちます。よって、この積分経路をたどる次の積分はゼロになります。

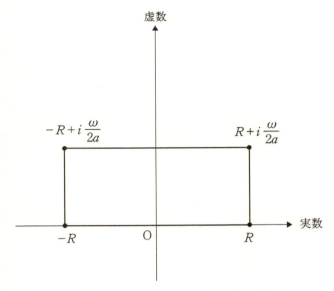

図 F-3　ガウシアンのフーリエ変換での積分経路

$$\int_{-R}^{R} e^{-az^2} dz + \int_{R}^{R+i\frac{\omega}{2a}} e^{-az^2} dz + \int_{-R+i\frac{\omega}{2a}}^{-R} e^{-az^2} dz$$
$$+ \int_{R+i\frac{\omega}{2a}}^{-R+i\frac{\omega}{2a}} e^{-az^2} dz = 0$$

なお、積分変数が実数の変数の t から複素変数 z に変わっていることに注意してください。この式を、整理すると

$$\int_{R+i\frac{\omega}{2a}}^{-R+i\frac{\omega}{2a}} e^{-az^2} dz = -\int_{-R}^{R} e^{-az^2} dz - \int_{R}^{R+i\frac{\omega}{2a}} e^{-az^2} dz$$
$$- \int_{-R+i\frac{\omega}{2a}}^{-R} e^{-az^2} dz \quad \text{(F-5)}$$

となります。この左辺は (F-4) 式の右辺とは、積分経路が逆であること以外は同じです（よって、正負は逆になります）。したがって、この式の右辺を求めてマイナスをかけ、R を無限大にして (F-3) 式に代入すれば答えが求まります。

(F-5) 式の右辺の項のうち、第2項と第3項は R が無限大に近づくとゼロになります。例えば第2項の

$$\lim_{R \to \infty} \int_{R}^{R+i\frac{\omega}{2a}} e^{-az^2} dz$$

の場合は被積分関数の e^{-az^2} の積分経路は R から $R+i\frac{\omega}{2a}$ までなので、被積分関数は

$$e^{-aR^2} \quad \text{から} \quad e^{-a\left(R+i\frac{\omega}{2a}\right)^2} = e^{-aR^2 + a\left(\frac{\omega}{2a}\right)^2 - iR\omega} \quad \text{まで}$$

変化します。このとき $R \to \infty$ とすると $e^{-aR^2} \to 0$ となり、被積分関数がゼロに収束することがわかります。一方、積分経路の長さは図 F-3 からもわかるように $\omega/2a$ であり有限なので第2項の積分はゼロになります。同様に (F-5) 式の右辺の第3項の積分もゼロになります。

よって、(F-5) 式で R を無限大にとると

$$\lim_{R \to \infty} \int_{R+i\frac{\omega}{2a}}^{-R+i\frac{\omega}{2a}} e^{-az^2} dz = -\lim_{R \to \infty} \int_{-R}^{R} e^{-az^2} dz$$

$$= -\int_{-\infty}^{\infty} e^{-az^2} dz$$

となります。

この右辺の積分はガウス積分と呼ばれます。先ほどの第

2項や第3項の積分と被積分関数は同じであり、$R \to \infty$ をとるのも同じなので、この積分もゼロになるのではないかと早とちりする方もいるかもしれません。しかし、先ほどの積分では積分経路のどこでも $R \to \infty$ をとると被積分関数がゼロに収束したのですが、このガウス積分の積分経路は $-\infty$ から ∞ なので、その間には $z=-5$ や0や1や3などの被積分関数 e^{-az^2} が0ではない点があるので積分はゼロではありません。このガウス積分の値は、巻末の付録での解説のように

$$\int_{-\infty}^{\infty} e^{-at^2} dt = \sqrt{\frac{\pi}{a}}$$

となります。

これを (F-3) 式に代入して、(4-22) 式の右辺の積分を求めると

$$\begin{aligned}
G(\omega) &= \frac{e^{-\frac{\omega^2}{4a}}}{\sqrt{2\pi}} \int_{-\infty}^{\infty} e^{-a\left(t+i\frac{\omega}{2a}\right)^2} dt \\
&= \frac{e^{-\frac{\omega^2}{4a}}}{\sqrt{2\pi}} \int_{-\infty}^{\infty} e^{-at^2} dt \\
&= \frac{e^{-\frac{\omega^2}{4a}}}{\sqrt{2\pi}} \sqrt{\frac{\pi}{a}} \\
&= \frac{1}{\sqrt{2a}} e^{-\frac{\omega^2}{4a}}
\end{aligned}$$

が得られます。この関数もガウシアンなので、「ガウシアンのフーリエ変換はガウシアン」になります。なお、複素関数論を使わない計算方法は『高校数学でわかるフーリエ

変換』で解説していますが、もっと長い計算になります。

◆付属問題5

(5-15) 式をどのように使うのだろうか？　と一瞬考える読者もいると思いますが、この場合は分母の指数関数に注目しましょう。指数関数のテイラー展開はすでに (5-3) 式で見たので、これを分母の e^z に代入しましょう。すると

$$\frac{2}{e^z-1} = \frac{2}{\left(1+z+\frac{1}{2}z^2+\frac{1}{3!}z^3+\cdots+\frac{1}{n!}z^n+\cdots\right)-1}$$

$$= \frac{2}{z+\frac{1}{2}z^2+\frac{1}{3!}z^3+\cdots+\frac{1}{n!}z^n+\cdots}$$

$$= \frac{2}{z\left(1+\frac{1}{2}z+\frac{1}{3!}z^2+\cdots+\frac{1}{n!}z^{n-1}+\cdots\right)}$$

となり、分母を見ると $z=0$ の1位の極を持つことがわかります。よって (5-15) 式を使うと

$$R(0) = \lim_{z\to 0} z \times \frac{2}{z\left(1+\frac{1}{2}z+\frac{1}{3!}z^2+\cdots+\frac{1}{n!}z^{n-1}+\cdots\right)}$$

$$= \lim_{z\to 0} \frac{2}{1+\frac{1}{2}z+\frac{1}{3!}z^2+\cdots+\frac{1}{n!}z^{n-1}+\cdots}$$

$$= \lim_{z\to 0} \frac{2}{1} = 2$$

となります。

◆付属問題6

被積分関数を見ると、複素平面上での特異点が $z=0$ であることがわかります。したがって、複素平面上の積分経路は $z=0$ を避ける必要があります。そこで、図 F-4 のように半円を2つ含む積分経路をとることにします。

また、被積分関数を

$$\frac{e^{iz}}{z}$$

としてみます。この積分経路の中に特異点はないので、こ

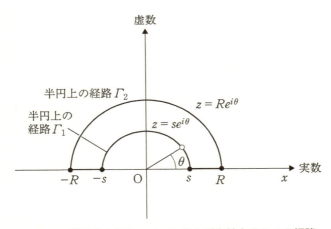

図 F-4　半円上の経路 $\varGamma_1$ と $\varGamma_2$ および実軸上の2つの経路からなる扇状

の積分経路についてコーシーの積分定理を使うと、

$$0 = \int_s^R \frac{e^{iz}}{z}dz + \int_{\Gamma_2} \frac{e^{iz}}{z}dz + \int_{-R}^{-s} \frac{e^{iz}}{z}dz - \int_{\Gamma_1} \frac{e^{iz}}{z}dz \quad \text{(F-6)}$$

となります。半円 Γ_2 の積分経路は反時計回りにとります。半円 Γ_1 の積分経路は時計回りにたどるので、マイナスが付いています。この積分で $R \to \infty$ かつ $s \to 0$ とすると、右辺の第1項と第3項の和が求めたい積分になります。

右辺の第2項については、$R \to \infty$ の場合には第6章の3番目のフーリエ変換型の実積分の例と同様に、分母の z が無限に大きくなるとゼロになることが示せます。よって、

$$\lim_{R \to \infty} \int_{\Gamma_2} \frac{e^{iz}}{z}dz = 0$$

です。

右辺の第4項については、半円 Γ_1 上の変数 z を半径 s と角 θ の極座標表示で

$$z = se^{i\theta}$$

と表すことにすると

$$\int_{\Gamma_1} \frac{e^{iz}}{z}dz = \int_0^\pi \frac{e^{iz}}{z} ise^{i\theta}d\theta$$

$$= i\int_0^\pi e^{is(\cos\theta + i\sin\theta)}\,d\theta$$

となり、$s \to 0$ の場合には右辺の指数関数の肩がゼロに収束するので

$$\lim_{s \to 0} \int_{\Gamma_1} \frac{e^{iz}}{z} dz = i \int_0^\pi e^{i0} d\theta$$

$$= i \int_0^\pi 1 d\theta$$

$$= i [\theta]_0^\pi$$

$$= i\pi$$

となります。

よって、$R \to \infty$ かつ $s \to 0$ の (F-6) 式は、

$$0 = \lim_{R \to \infty, s \to 0} \int_s^R \frac{e^{iz}}{z} dz + \lim_{R \to \infty, s \to 0} \int_{-R}^{-s} \frac{e^{iz}}{z} dz - i\pi$$

$$\therefore i\pi = \lim_{R \to \infty, s \to 0} \int_s^R \frac{e^{iz}}{z} dz + \lim_{R \to \infty, s \to 0} \int_{-R}^{-s} \frac{e^{iz}}{z} dz \quad \text{(F-7)}$$

となります。右辺の第 2 項で $t \equiv -z$ の変数変換を行うと、

$$\frac{dt}{dz} = -1$$

なので

$$\int_{-R}^{-s} \frac{e^{iz}}{z} dz = \int_R^s \frac{e^{-it}}{t} dt$$

となり実軸上の積分経路を逆にすると

$$= -\int_s^R \frac{e^{-it}}{t} dt$$

となります。これは変数を t ではなく z としても同じです。

よって（F-7）式の右辺の第2項に代入すると

$$i\pi = \lim_{R\to\infty, s\to 0}\int_s^R \frac{e^{iz}}{z}dz - \lim_{R\to\infty, s\to 0}\int_s^R \frac{e^{-iz}}{z}dz$$

$$= \lim_{R\to\infty, s\to 0}\int_s^R \frac{e^{iz}-e^{-iz}}{z}dz$$

$$= 2i\lim_{R\to\infty, s\to 0}\int_s^R \frac{\sin z}{z}dz$$

となり、よって

$$\lim_{R\to\infty, s\to 0}\int_s^R \frac{\sin z}{z}dz = \frac{\pi}{2}$$

が得られます。

付録

第1章
■合成関数の微分公式

合成関数というのは、例えば変数が u である関数

$$y = f(u)$$

があるとして、その変数 u が別の変数 x の関数

$$u = g(x)$$

である場合です。この合成関数を式で表すと

$$y = f(u) = f(g(x))$$

となりますが、これを x で微分すると、合成関数の微分公式では、

$$\frac{dy}{dx} = \frac{d}{dx}f(g(x)) = \frac{d}{dx}g(x)\frac{d}{du}f(u)$$

となります。

第3章
■タンジェントとインバースタンジェントの微分

次式の関係を使うと

$$\tan\theta = \frac{\sin\theta}{\cos\theta}$$

タンジェントの微分は

$$\frac{d}{d\theta}\tan\theta = \frac{1}{\cos\theta}\frac{d}{d\theta}\sin\theta + \sin\theta\frac{d}{d\theta}\left(\frac{1}{\cos\theta}\right)$$

$$= \frac{1}{\cos\theta}\cos\theta - \sin\theta\left(\frac{1}{\cos\theta}\right)^2\frac{d}{d\theta}\cos\theta$$

$$= 1 + \left(\frac{\sin\theta}{\cos\theta}\right)^2 = \frac{\cos^2\theta + \sin^2\theta}{\cos^2\theta} = \frac{1}{\cos^2\theta}$$

となります。

$q = \tan\theta$ とおくとインバースタンジェントは

$$\theta = \tan^{-1} q$$

で表されます。微分の公式の1つに

$$\frac{dx}{dy} = \frac{1}{\frac{dy}{dx}}$$

という関係があります。上で dy/dx に相当する $dq/d\theta$ は求めたので、それを使って

$$\frac{d}{dq}\tan^{-1} q = \frac{d\theta}{dq} = \frac{1}{\frac{dq}{d\theta}} = \cos^2\theta$$

が得られます。

$$\cos^2\theta + \sin^2\theta = 1$$

の両辺を $\cos^2\theta$ で割ると

$$1 + \frac{\sin^2\theta}{\cos^2\theta} = \frac{1}{\cos^2\theta} \quad \therefore\ 1 + \tan^2\theta = \frac{1}{\cos^2\theta}$$

の関係が得られるのでこれを使うとインバースタンジェントの微分が得られます。

$$\frac{d}{dq}\tan^{-1}q = \cos^2\theta = \frac{1}{1+\tan^2\theta} = \frac{1}{1+q^2}$$

第4章
■ガウス積分の計算

ガウス積分の求め方は、次のように変数が異なる2つのガウス積分を考えることから始めます。

$$\int_{-\infty}^{\infty}e^{-ax^2}dx = \int_{-\infty}^{\infty}e^{-ay^2}dy \qquad (\text{F-8})$$

この2つは、変数が異なるだけで、積分範囲や関数の形が同じなので、積分の結果も同じです。なので、このように等号が成り立ちます。

次に、この2つをかけた積分を考えることにしましょう。すると、

$$\int_{-\infty}^{\infty}e^{-ax^2}dx\int_{-\infty}^{\infty}e^{-ay^2}dy = \int_{-\infty}^{\infty}\int_{-\infty}^{\infty}e^{-ax^2}e^{-ay^2}dxdy$$

$$= \int_{-\infty}^{\infty}\int_{-\infty}^{\infty}e^{-a(x^2+y^2)}dxdy$$

となります。この x と y は独立な変数です。つまり、お互いに無関係な変数です。この x と y を、図F-5のように直交座標系にとることにしましょう。こうしても、お互いが独立であるという条件は満たされています。

この座標系を使うと、この積分は簡単になります。図

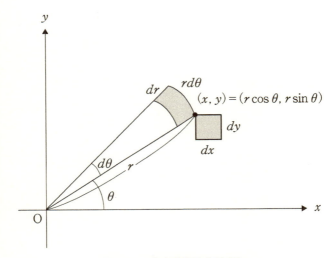

図 F-5　直交座標と極座標

F-5のように、極座標を使うと角度 θ と原点からの距離 r で、座標点 (x, y) を表せます。そこで座標変換をします。

この積分は、直交座標系の微小な面積 $dxdy$ を、x の $-\infty$ から ∞ までと、y の $-\infty$ から ∞ まで積分するものです。これは、極座標系では、微小な面積 $rd\theta dr$ を r はゼロから ∞ まで、θ はゼロから 2π まで、積分したものと同じです。なので、

$$= \int_0^\infty \int_0^{2\pi} e^{-a(x^2+y^2)} r dr d\theta$$

となります。さらに、$r^2 = x^2 + y^2$ なので、

$$= \int_0^\infty \int_0^{2\pi} e^{-ar^2} r dr d\theta$$

$$= \int_0^{2\pi} d\theta \int_0^\infty e^{-ar^2} r dr$$

$$= 2\pi \int_0^\infty e^{-ar^2} r dr$$

$$= \frac{-2\pi}{2a} \left[e^{-ar^2} \right]_0^\infty$$

$$= \frac{\pi}{a}$$

となります。極座標にしたことで、積分が簡単に求められたわけです。

これで、

$$\int_{-\infty}^\infty e^{-ax^2} dx \int_{-\infty}^\infty e^{-ay^2} dy = \frac{\pi}{a}$$

であることがわかったので、(F-8) 式より、

$$\int_{-\infty}^\infty e^{-ax^2} dx = \sqrt{\frac{\pi}{a}}$$

となります。これでガウス積分が求められました。

第7章
■電磁気学のラプラス方程式

ラプラス方程式は空間に電荷がない場合に電位を求める方程式ですが、空間に電荷がある場合のポアソン方程式をまず求めます。

電磁気学で習うマクスウェルの方程式の1つのガウスの

法則から、ポアソン方程式を導きます。位置 $\vec{r}=(x,y,z)$ での電界を $\vec{E}(\vec{r})=(E_x,E_y,E_z)$ とし、電荷密度を $\rho(\vec{r})$ とすると（ρ：ロー）、ガウスの法則は

$$\frac{\partial E_x(\vec{r})}{\partial x}+\frac{\partial E_y(\vec{r})}{\partial y}+\frac{\partial E_z(\vec{r})}{\partial z} = \frac{\rho(\vec{r})}{\varepsilon} \quad \text{(F-9)}$$

です。ここで ε は誘電率です（ε：イプシロン）。

位置 $\vec{r}$ での電界 $\vec{E}(\vec{r})$ と電位 $\phi(\vec{r})$ の間には電磁気学で学ぶように

$$(E_x(\vec{r}), E_y(\vec{r}), E_z(\vec{r}))$$
$$= \left(-\frac{\partial \phi(\vec{r})}{\partial x}, -\frac{\partial \phi(\vec{r})}{\partial y}, -\frac{\partial \phi(\vec{r})}{\partial z}\right) \quad \text{(F-10)}$$

の関係があります。このように電界の強さは、電位 $\phi(\vec{r})$ の傾きとして表されます。重力にたとえると $\phi(\vec{r})$ は土地の高さに相当し、$\vec{E}(\vec{r})$ は坂の傾きを表すというわけです。坂の傾斜が強いほどボールを転がす力は強くなりますが、同じように電界が大きいほど電荷に働く力は強くなります。

ガウスの法則 (F-9) 式の左辺に (F-10) 式を代入すると

$$\frac{\partial E_x(\vec{r})}{\partial x}+\frac{\partial E_y(\vec{r})}{\partial y}+\frac{\partial E_z(\vec{r})}{\partial z}$$
$$= -\frac{\partial}{\partial x}\frac{\partial \phi(\vec{r})}{\partial x}-\frac{\partial}{\partial y}\frac{\partial \phi(\vec{r})}{\partial y}-\frac{\partial}{\partial z}\frac{\partial \phi(\vec{r})}{\partial z}$$
$$= -\frac{\partial^2}{\partial x^2}\phi(\vec{r})-\frac{\partial^2}{\partial y^2}\phi(\vec{r})-\frac{\partial^2}{\partial z^2}\phi(\vec{r})$$

となります。したがって、ガウスの法則は

$$\left(\frac{\partial^2}{\partial x^2}+\frac{\partial^2}{\partial y^2}+\frac{\partial^2}{\partial z^2}\right)\phi(\vec{r}) = -\frac{\rho(\vec{r})}{\varepsilon}$$

と変形できます。これが**ポアソン方程式**です。左辺の電位 $\phi(\vec{r})$ と右辺の電荷密度 $\rho(\vec{r})$ の間をつないでいます。

括弧の中の2階の微分演算子はラプラシアンと呼ばれ、記号 ∇^2 でも表します。ポアソン方程式をどういうときに使うかというと、電荷密度の分布 $\rho(\vec{r})$ がわかっているときに電位 $\phi(\vec{r})$ を求める場合などに使います。なかなか役に立つ重要な方程式です。右辺の電荷がゼロの場合がラプラス方程式です。

おわりに

　複素数の英語は complex number です（ドイツ語では、Komplexe Zahl）。complex の意味は「複合の」ですから、complex number を日本語に直訳すると「複合数」になります。「実数と虚数を複合した数」という意味です。数学には「素数」もあるので、複素数と多少紛らわしくはあります。複素数の「素」は元素とか要素の単語に使われている「もと」や「もとになるもの」からきていて、ここでの素は実数（実部）と虚数（虚部）を表していると考えられます。

　微分と積分が実数の世界から複素数の世界に広がったことによって、それ以前とは異なる数学の世界が広がることになりました。微分や積分においても、本書で見たようにいくつもの新たな定理が登場しました。

　複素数を扱う数学は、それまでの実数だけを扱う数学を包含する形で整合性を持って発展してきたのですが、初めて学ぶ際には違いに戸惑った方も少なくはないでしょう。しかし、本書を読破した読者の皆さんには、もはやそのよ

おわりに

うな戸惑いはほとんど残っていないことと思います。

物理学や工学分野においても、複素数は大活躍しています。本書の約30の図のほとんどが複素平面でしたが、今の読者の脳裏には複素平面を映し出すスクリーンがあって、さらに高度な内容に進む力がついていることでしょう。

特異点は英語では「singularity」です。

このシンギュラリティという言葉は、昨今では一般の人々にも知られるようになってきました。これはアメリカのレイ・カーツワイル（1948〜）が2005年に出版した『The Singularity is Near』という本で、「やがて本格的な人工知能が誕生すると、その知力はすぐに人類を追い越し、無限大に発散するかのような進歩をとげる」という説を述べたからです。

特に、ディープラーニングと呼ばれる機械学習の手法が2010年代に入って目覚ましい進歩を遂げ、将棋や囲碁でもコンピューターが人間よりも強くなったことにより、このシンギュラリティが現実味を帯びてきました。

ディープラーニングの基礎の理解に不可欠な線形代数の学習のためと思われますが、拙著の『高校数学でわかる線形代数』の販売数も急速に伸びています。彼によると、このシンギュラリティは2045年ごろに起こるとのことですが、その人工知能が虚数や複素平面をも理解しうるかどうかは、筆者にとっても興味津々です。

本書の編集では講談社の梓沢修氏にお世話になりまし

た。ここに謝意を表します。

参考資料・文献

■参考文献

『複素関数(理工系の数学入門コース 5)』表実著,岩波書店

『複素解析』矢野健太郎著,石原繁著,裳華房

『複素関数論(技術者のための高等数学 4)』E. クライツィグ著,近藤次郎監訳,堀素夫監訳,丹生慶四郎訳,培風館

『複素関数入門』R. V. チャーチル著,J. W. ブラウン著,中野實訳,数学書房

『関数論』遠木幸成著,阪井章著,学術図書出版社

『詳解物理応用数学演習』後藤憲一編集,山本邦夫編集,神吉健編集,共立出版

『数学者列伝 I』I. ジェイムズ著,蟹江幸博訳,丸善出版

『数学者列伝 II』I. ジェイムズ著,蟹江幸博訳,丸善出版

『偉大な数学者たち』岩田義一著,ちくま学芸文庫

O'Connor, John J.; Robertson, Edmund F., "Bernhard Riemann", MacTutor History of Mathematics archive, University of St Andrews.

http://www-history.mcs.st-andrews.ac.uk/Biographies/Ri

emann.html

Bernhard Riemann's gesammelte mathematische Werke und wissenschaftlicher Nachlass. Zweite Auflage, bearbeitet von Heinrich Weber. B. G. Teubner, Leipzig, 1892.

さくいん

【数字】

1位の極　150
1価関数　54
2位の極　150
2次元翼理論　189
3位の極　149
3次方程式の解法　13

【アルファベット】

n 階の導関数　117

【あ行】

位置エネルギー　192
一般化した三角不等式　21
イマジナリーナンバー　14
イマジナリーパート　15
インバースタンジェント　88
インバースタンジェントの微分　220
オイラーの公式　23, 29, 44

【か行】

階乗　26
解析関数　76
解析接続　158
解析的　76
ガウシアン　129
ガウシアンのフーリエ変換　131
ガウス　16
ガウス型関数　129
ガウス積分　210, 220
ガウスの法則　222
ガウス平面　16
カルダーノ　13
カルダーノの解法　13
共役複素数　18
極形式　22
極座標　22
虚軸　16
虚数　12, 14
虚数単位　14
虚部　15

グリーンの定理　104
原始関数　74
合成関数の微分公式　218
コーシー・グルサの積分定理　108
コーシーの積分公式　114, 117, 140
コーシーの積分定理　104, 108, 149
コーシー・リーマンの関係式（方程式）　77, 194

【さ行】

最小値の定理　125
最大値・最小値の定理　119, 125
最大値の定理　125
三角不等式　19
三重連結　112
実軸　16
実数　12, 15
実部　15
写像　186
周回積分　103
ジューコフスキー変換　190
ジューコフスキー翼　191
重解　124
重根　124

収束　30
収束円　34
収束半径　34
主値　53
シュレディンガー　63
シュレディンガー方程式　64
除去可能な特異点　151
真性特異点　150
数列　30
整関数　78
正則　76
正則関数　76
静電ポテンシャル　196
積分経路　98
積分路　98
双曲線関数　84
双曲線正弦関数　85
双曲線余弦関数　85
速度ポテンシャル　192, 193

【た行】

代数学の基本定理　119, 123
多価関数　54
タルターリヤ　13
単一閉曲線　103
タンジェントの微分　218
単純閉曲線　103

調和関数　78
テイラー級数　143, 160
テイラー展開　24, 26, 160
テイラー展開（複素関数の）　143
デカルト　14
等角写像　187
導関数　77
特異点　76, 144, 149
ド・モアブルの定理　48

【な行】

流れ関数　192, 193
波　60
二重連結　110

【は行】

ハイパボリックコサイン　84
ハイパボリックサイン　84
背理法　122
波数　64
発散　30
波動関数　64
微分可能　76
複素関数の連続　34
複素共役　18

複素指数関数　57
複素数　12, 15
複素速度ポテンシャル　192
複素平面　16
複素変数　34
複素ポテンシャル　196
部分和　31
プランク定数　65
分岐点　57
分枝　53
閉曲線　102
平方　13
平方根　13
べき級数　33
ベルカーブ　131
偏角　22
偏微分　76
ポアソン方程式　224
ポテンシャル　192
ポテンシャルエネルギー　64, 192

【ま行】

マクスウェルの方程式　222
マクローリン展開　27
マクローリン展開（複素関数の）　143

無限数列　30
無限等比級数　31, 32
無理数　12

【や行】

有理関数　83
有理数　12
要素　159

【ら行】

ラプラス方程式　77, 196, 222
リアルナンバー　15
リアルパート　15
リウヴィルの定理　119, 121
リーマン面　57
留数　152, 169, 177
留数定理　157, 166, 172
流線　193
流体力学　189
量子力学　63
零点　82
レザデュー　152
ローラン展開　144, 149

N.D.C.413.52　235p　18cm

ブルーバックス　B-2098

高校数学でわかる複素関数
微分からコーシー積分、留数定理まで

2019年6月20日　第1刷発行
2024年11月12日　第2刷発行

著者	竹内　淳（たけうち　あつし）
発行者	篠木和久
発行所	株式会社講談社
	〒112-8001　東京都文京区音羽2-12-21
電話	出版　03-5395-3524
	販売　03-5395-5817
	業務　03-5395-3615
印刷所	(本文表紙印刷) 株式会社KPSプロダクツ
	(カバー印刷) 信毎書籍印刷株式会社
製本所	株式会社KPSプロダクツ

定価はカバーに表示してあります。
©竹内　淳　2019, Printed in Japan
落丁本・乱丁本は購入書店名を明記のうえ、小社業務宛にお送りください。送料小社負担にてお取替えします。なお、この本についてのお問い合わせは、ブルーバックス宛にお願いいたします。
本書のコピー、スキャン、デジタル化等の無断複製は著作権法上での例外を除き禁じられています。本書を代行業者等の第三者に依頼してスキャンやデジタル化することはたとえ個人や家庭内の利用でも著作権法違反です。
Ⓡ〈日本複製権センター委託出版物〉複写を希望される場合は、日本複製権センター（電話03-6809-1281）にご連絡ください。

ISBN978-4-06-516395-5

発刊のことば

科学をあなたのポケットに

二十世紀最大の特色は、それが科学時代であるということです。科学は日に日に進歩を続け、止まるところを知りません。ひと昔前の夢物語もどんどん現実化しており、今やわれわれの生活のすべてが、科学によってゆり動かされているといっても過言ではないでしょう。

そのような背景を考えれば、学者や学生はもちろん、産業人も、セールスマンも、ジャーナリストも、家庭の主婦も、みんなが科学を知らなければ、時代の流れに逆らうことになるでしょう。ブルーバックス発刊の意義と必然性はそこにあります。このシリーズは、読む人に科学的に物を考える習慣と、科学的に物を見る目を養っていただくことを最大の目標にしています。そのためには、単に原理や法則の解説に終始するのではなくて、政治や経済など、社会科学や人文科学にも関連させて、広い視野から問題を追究していきます。科学はむずかしいという先入観を改める表現と構成、それも類書にないブルーバックスの特色であると信じます。

一九六三年九月

野間省一